电力调度自动化培训教材

DIAODU ZIDONGHUA XITONG(SHEBEI)
DIANXING ANLI FENXI

调度自动化系统（设备）典型案例分析

范 斗 张玉珠 主 编
张江南 吴 坡 贺 勇 王安军 副主编

中国电力出版社
CHINA ELECTRIC POWER PRESS

内 容 提 要

为了便于电网调度自动化人员系统学习和掌握调度自动化系统的应用和运维技能，国网河南省电力公司组织编写了《电力调度自动化培训教材》系列丛书。本书为《调度自动化系统（设备）典型案例分析》分册，从调度端、厂站端、调度数据网、安全防护、基础设施与辅助系统、自动化专业管理、综合缺陷分析七个方面出发，结合现场实际工作，列举电力调度自动化生产过程中遇到的各种典型案例，并进行分析，提出解决办法和建议。

本书适用于电力调度自动化生产工作者，也适用于相关科研单位和设备厂商。

图书在版编目（CIP）数据

调度自动化系统（设备）典型案例分析 / 范斗，张玉珠主编 . —北京 ：中国电力出版社，2020.12（2023.11重印）
电力调度自动化培训教材
ISBN 978-7-5198-4946-7

Ⅰ. ①调… Ⅱ. ①范…②张… Ⅲ. ①电力系统调度－调度自动化系统－案例－技术培训－教材 Ⅳ. ① TM734

中国版本图书馆 CIP 数据核字（2020）第 169708 号

出版发行：中国电力出版社
地　　址：北京市东城区北京站西街 19 号（邮政编码 100005）
网　　址：http://www.cepp.sgcc.com.cn
责任编辑：陈　倩（010-63412512）　李耀阳
责任校对：黄　蓓　朱丽芳
装帧设计：郝晓燕
责任印制：石　雷

印　　刷：固安县铭成印刷有限公司
版　　次：2020 年 12 月第一版
印　　次：2023 年 11 月北京第二次印刷
开　　本：787 毫米 ×1092 毫米　16 开本
印　　张：9.75
字　　数：203 千字
印　　数：2001—2500 册
定　　价：30.00 元

编委会

前 言

电力生产在国民经济和社会生活中占据重要的地位，电网调度自动化系统是支撑电网安全、稳定运行的重要技术手段。随着国家经济的快速发展，电力需求逐年提高，发电侧新能源快速发展、电网侧特高压交直流混联运行、负荷侧电力需求快速增长等现实情况，都对电力系统的安全、经济、稳定供电提出了更高的要求。为了满足这一要求，进一步提高自动化运维人员对电网调度自动化系统的认知与了解，加强自动化设备实操技能，提升电网调度的智能化、自动化、实用化技术水平，国网河南省电力公司结合生产实践和应用需求，组织编写了《电力调度自动化培训教材》系列丛书。

本系列丛书分为 4 个分册，分别为《调度自动化主站系统及辅助环境》《电力调度数据网及二次安全防护》《变电站自动化系统原理及应用》《调度自动化系统（设备）典型案例分析》。

本书为《调度自动化系统（设备）典型案例分析》分册，主要结合电力调度自动化生产中遇到的各种运行、维护工作问题、缺陷或故障等典型案例，从现场实际问题出发，通过深入分析问题产生的机理、原因，提出问题的解决处理方法，最终总结提炼相关运行维护经验和工作建议。

本书对于电力调度自动化生产工作者有很大帮助，对用于新进员工、非专业职工以及相近专业学生培训，有较强的学习、指导作用，对科研单位和设备厂商也具有较强的参考价值，本书也可以作为生产实践的作业指导书和参考用书。

由于编者水平有限，书中难免存在不足之处，欢迎读者批评指正。

编者

2020 年 9 月

目 录

第 1 章　调　度　端

1.1　实时监视与控制

1. D5000 查询模板丢失

关键词：D5000、查询模板、采样曲线

问题与现象：

某日，某地调 D5000 出现厂站接线图中采样曲线无法查询现象，告警显示查询条件模板丢失。

分析与处理：

经检查分析地调 D5000 系统进程，判定为 midhs 程序死锁导致，通过工作站终端分别登录至 xx-sca1 和 xx-sca2，然后输入 ps-ef | grep midhs，查询进程，发现其运行异常，并根据当前 xx-sca2 为主机，判断为 xx-sca2 中的 midhs 程序走死，输入 kill -9 midhs 进程号，重新启停该程序后，运行恢复正常。

总结与建议：

软件进程长期在线运行，经常会因为资源分配等问题，出现死锁现象，针对此类问题，可以通过重新启停该进程，恢复正常运行。此类问题可以根据需要，加入日常程序状态巡检中。

2. 利用语音功能提升系统及数据运行水平

关键词：运行监视、告警窗、语音功能

问题与现象：

系统节点状态或关键进程改变、厂站通道投退、远动数据异常、数据库表空间越限、AGC（自动发电控制）应用启停、AVC（自动电压控制）严重事件告警等都是日常运行监视的重点工作。传统监视通过告警窗文字信息及通道运行工况画面，滞后故障发现时间。

分析与处理：

运行人员根据工作需要，考虑添加语音告警，从而可以第一时间感知告警信息。

D5000 系统告警窗服务进程是常驻内存的一个后台程序，当它接收到各个应用发送的告警报文之后，就根据接收到的告警类型得到相应的告警行为，然后在告警行为定义中寻找这个行为包含的告警动作，最后发送消息给每台机器上的告警客户端。告警客户端接收

到消息后，完成相应的告警动作（上告警窗、语音、推画面等）。由于 D5000 系统自带语音文件相对较少，语音内容单一，各个异常告警语音之间区分度低。

为了第一时间发现问题、通知消缺，需要有与告警信息匹配的实时播报语音功能。利用 D5000 系统本身具备的告警窗功能，针对日常监视的信息，匹配对应的语音告警。根据不同重要程度，单独制作个性的语音文件，如图 1-1 所示。

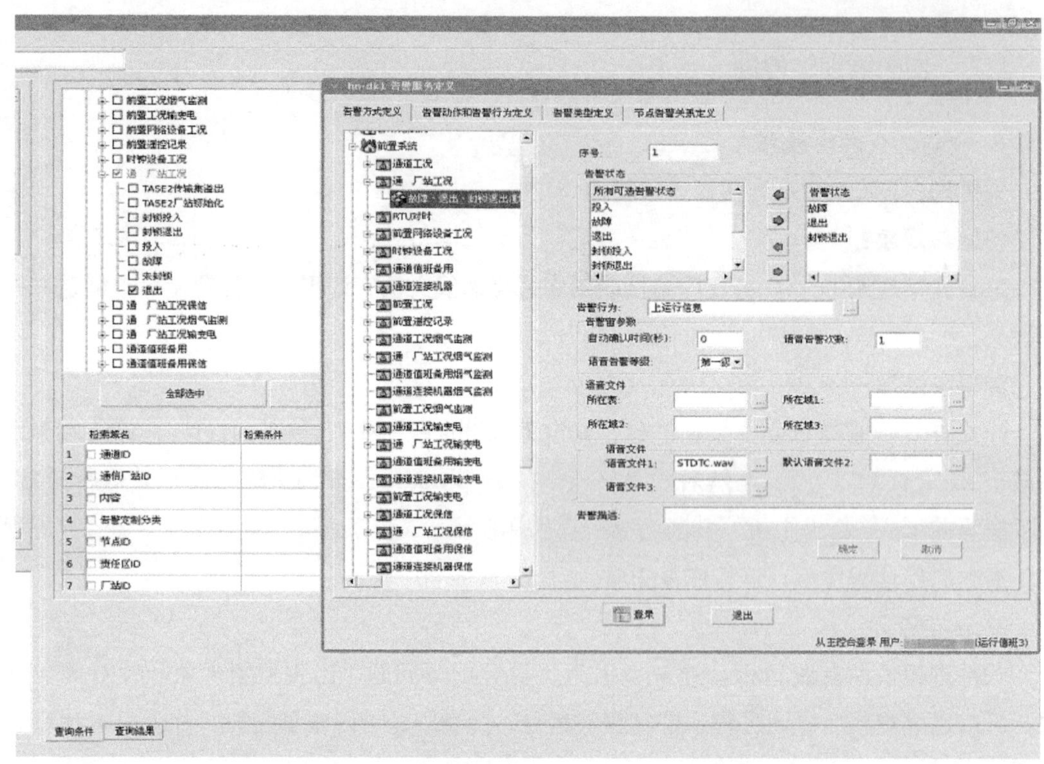

图 1-1 语音文件配置图

（1）通信厂站工况（双通道退出）。在告警服务定义界面配置通信厂站工况，对于故障、退出、封锁退出事件，告警行为应配置运行信息、默认语音文件（添加制作的语音文件，实现告警语音的实时播报），在告警窗编辑菜单的告警类型设置中，勾选对应的告警类型，实现告警信息实时展示。

（2）通道工况（单通道退出）。在告警服务定义界面配置通道工况，对于故障、退出事件，告警行为应配置运行信息、默认语音文件（添加制作的语音文件，实现告警语音的实时播报），在告警窗编辑菜单的告警类型设置中，勾选对应的告警类型实现告警信息实时展示。

图 1-2 为主站 104 双通道退出状况，运行值班人员可通过厂站运行工况监视，通道退出后工况着色由绿色变为红色。

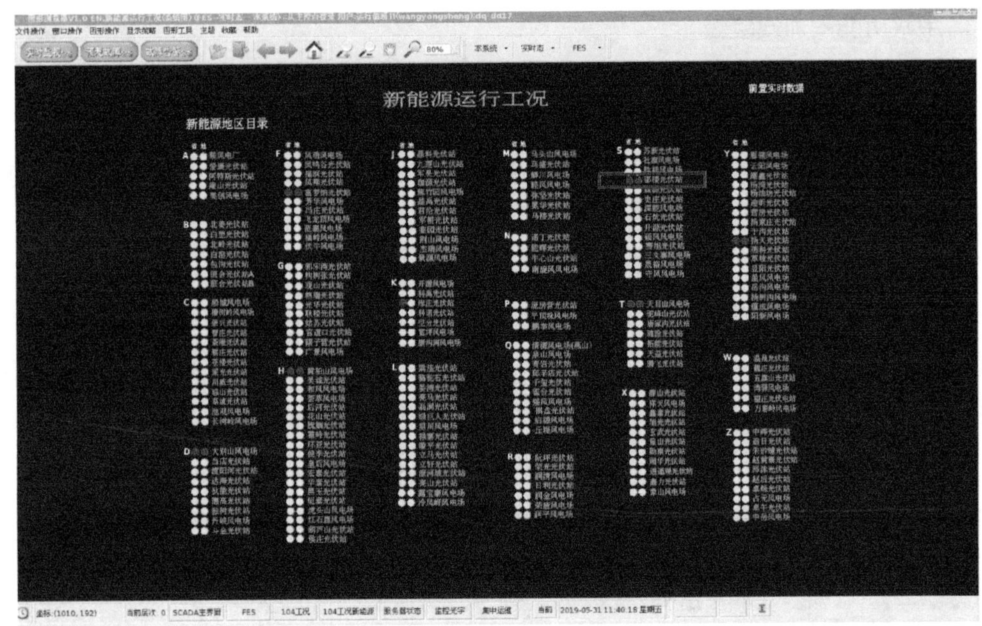

图 1-2　厂站运行工况

通过告警窗监视，如图 1-3 所示通道退出信息在告警窗以文字形式带时标报出。

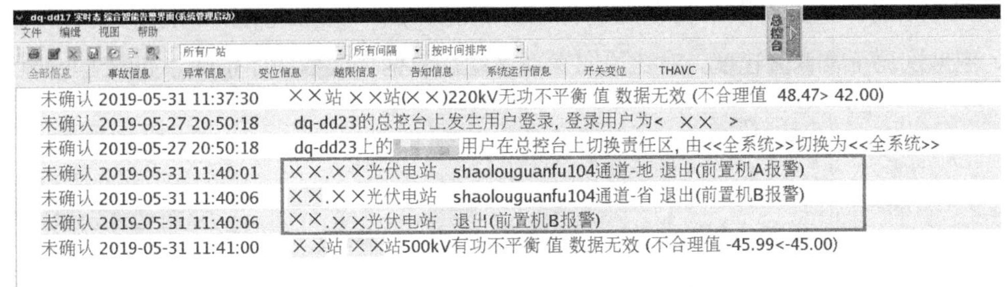

图 1-3　告警窗监视

上述两种方式在实际监视中有一定的局限性，在值班员同时进行其他工作时，不能第一时间发现双通道退出问题。配置完语音告警功能后，厂站出现双通道退出，系统将播放对应的个性语音告警信息，便于值班员第一时间发现告警，进而做出快速响应。

总结与建议：

根据日常运行监视需要，深度挖掘 D5000 系统告警窗功能，针对系统节点、数据跳变、合理上下限、数据库监视等关键信息配置语音播报功能。当系统出现告警信息时，同时触发语音告警，减少人为发现问题的延迟，极大提高了工作效率。

同理，对于告警窗不能实现的语音告警，例如状态估计指标、安防告警等，可以开拓思路用类似方法实现。

3. 主站功能图加载缓慢

关键词：图形加载缓慢、数据关联错误

问题与现象：

接到监控反馈，在打开“500kV 厂站母线不平衡量一览表”时，十几秒才能显示图形，不满足日常图形调阅技术要求。

分析与处理：

“500kV 厂站母线不平衡量一览图”主要用于监视 500kV 厂站的母线有功不平衡量和母线无功不平衡量，数据来源于 SCADA 应用下的母线表，只涉及平台的 SCADA 应用，因其他 SCADA 应用下的图形调阅正常，所以初步判断和 SCADA 应用无关。

查看该图形 G 格式文件大小，未发现明显异常，如图 1-4 所示。

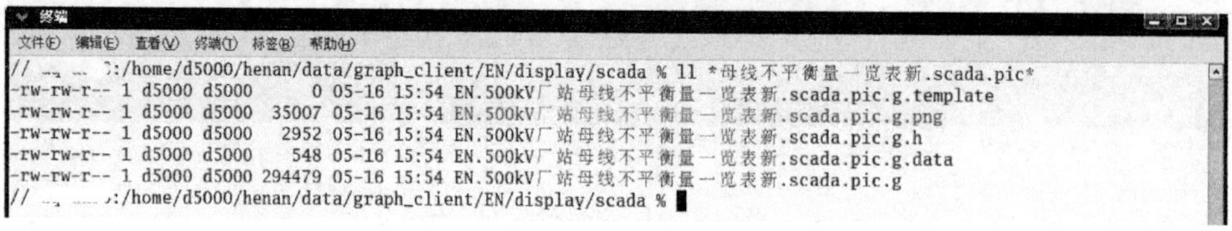

```
-rw-rw-r-- 1 d5000 d5000      0 05-16 15:54 EN.500kV厂站母线不平衡量一览表新.scada.pic.g.template
-rw-rw-r-- 1 d5000 d5000  35007 05-16 15:54 EN.500kV厂站母线不平衡量一览表新.scada.pic.g.png
-rw-rw-r-- 1 d5000 d5000   2952 05-16 15:54 EN.500kV厂站母线不平衡量一览表新.scada.pic.g.h
-rw-rw-r-- 1 d5000 d5000    548 05-16 15:54 EN.500kV厂站母线不平衡量一览表新.scada.pic.g.data
-rw-rw-r-- 1 d5000 d5000 294479 05-16 15:54 EN.500kV厂站母线不平衡量一览表新.scada.pic.g
```

图 1-4 图形文件列表

考虑到之前该图形能正常使用，初步判断造成调阅该图较慢的原因可能是上次修改该图形时操作不当。通过对图形另存后进行局部删除测试，发现当删除右上角关联的动态数据时，图形恢复正常调阅速度。对比原图发现该动态数据关联数据库正确，如图 1-5 所示。

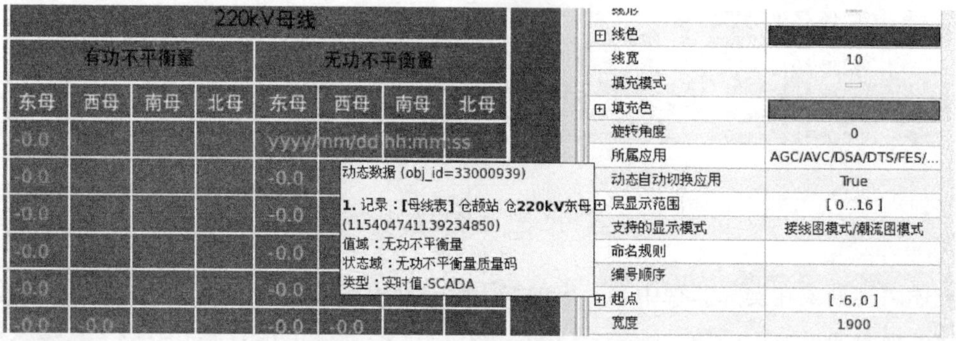

图 1-5 动态数据关联数据库

动态数据的属性显示类型选为“时间”格式，而其本身关联的数据库是“值”类型，如图 1-6 所示。

因此，在调阅该图形时，程序无法正常解析显示，消耗较长时间加载数据。

总结与建议：

修改图形时，个别看似简单的操作也会因属性错误而造成图形调阅迟钝。建议在进行系统图形维护时，一定要注意数据关联和数据显示格式是否一致，同时，在修改图形后，不仅要观察改动后显示数据是否正常，也要观察图形调阅所消耗的时间是否正常。

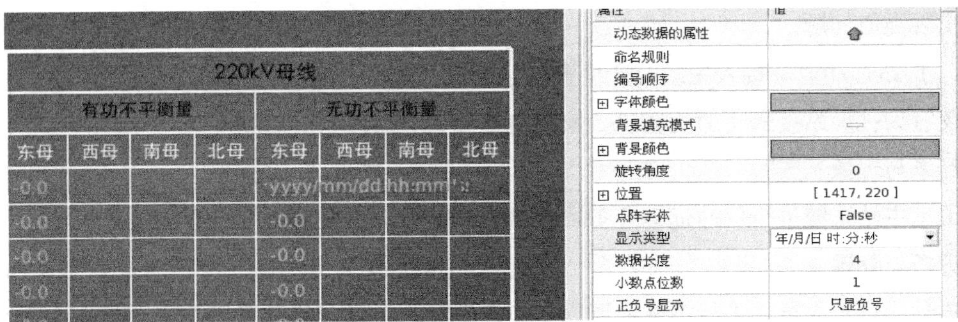

图 1-6　动态数据关联实际时间格式

4. 前置遥测定义表无法保存点号

关键词：前置遥测定义表、点号录入、提示重复

问题与现象：

县调反馈在添加前置遥测定义表点号时，往往提示存在相同的点号和通道，导致无法成功保存，如图 1-7 所示。

图 1-7　数据库前置遥测定义表

分析与处理：

前置遥测定义表有唯一性约束，不能同时存在两条“点号”与“通道”均相同的记录。通过比对查找实时数据库，实时库中确实没有重复记录，登录商用库查找确认，也没有发现重复项。与县调沟通发现，此类情况多出现于前置点表的更改操作而不是新增点表。

对于设备或者间隔的模型更改，原来的记录会删除，新增的设备触发出来的量测可能会沿用原来的点号，但因为没有将之前需要删除的记录的点号改为－1，而是直接删除，导致前置中存有原有点号的缓存。在保存新记录时，程序会比对前置缓存中的点表，从而提示重复导致保存失败。针对这种情况，可通过执行释放前置缓存的脚本（fes _ tmp. sh），手动清理前置缓存。

总结与建议：

手动清理前置缓存只是一种应急策略，建议设备或者间隔改造调整点表时，应先将涉及的记录点号改为－1，保存成功后，再删除多余记录，重新填入新的点号与通道，即可避免出现类似问题。

5. 厂站远动业务接入主站时产生安防告警

关键词：厂站接入、通道调试、安防告警

问题与现象：

调度主站系统进行厂站远动业务通道接入调试时，造成安防平台频发安防告警。

分析与处理：

自动化运维人员在进行主站前置通道表配置时，常常会将分配的厂站远动机地址提前填入通道表，并完成主站端工程化工作，等待与子站联调。但在完成通道表配置后，前置应用会自动读取通道表信息，并尝试进行网络连接，从而造成安防平台在未完成安全策略配置情况下产生安防告警。经过测试后确定，通过修改通道表的“通道类型”为“虚拟”如图 1-8 所示，可以避免前置应用尝试网络连接，从而避免安防平台告警。

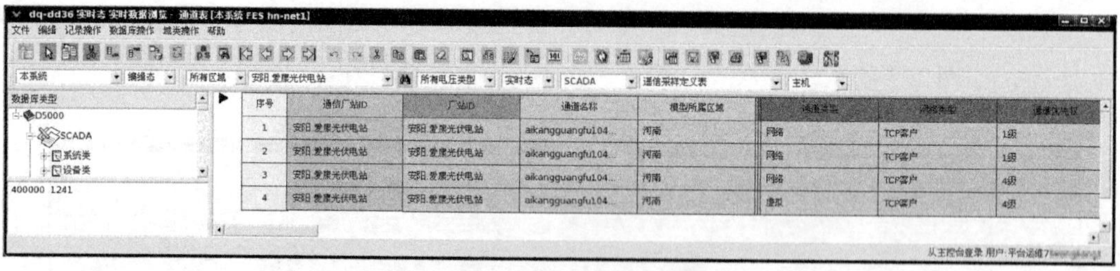

dq-dd36 实时态 实时数据浏览 - 通道表 [本系统 FES hn-net1]

文件 编辑 记录操作 数据库操作 域类操作 帮助

本系统 | 编辑态 | 所有区域 | 安阳.爱康光伏电站 | 所有电压类型 | 实时态 | SCADA | 通信采样定义表 | 主机

数据库类型：D5000 / SCADA / 系统类 / 设备类

400000 1241

序号	通信厂站ID	厂站ID	通道名称	模型所属区域	通道类型	网络类型	[illegible]
1	安阳.爱康光伏电站	安阳.爱康光伏电站	aikangguangfu104...	河南	网络	TCP客户	1级
2	安阳.爱康光伏电站	安阳.爱康光伏电站	aikangguangfu104...	河南	网络	TCP客户	1级
3	安阳.爱康光伏电站	安阳.爱康光伏电站	aikangguangfu104...	河南	网络	TCP客户	4级
4	安阳.爱康光伏电站	安阳.爱康光伏电站	aikangguangfu104...	河南	虚拟	TCP客户	4级

从主控台登录 用户：平台运维7

图 1-8 厂站通道配置表

在确认安防平台完成主站端和子站端安全加密装置策略添加后，将“通道类型”改为“网络”，即可开展下一步的通道接入调试工作。

总结与建议：

随着网络安全防护的要求不断提高，远动接入主站的调试工作要与安防工作密切配合，在确定安防策略工作配置完成后，才能开展主站端的接入工作。

依此类推，针对其他与安防平台有关的作业，也应该注重调试顺序，比如说 PMU 业务的接入、保信业务的接入等。

6. 主变压器置牌无法取消问题

关键词：主变压器挂牌、标志牌、置牌无法移除

问题与现象：

某县调用户反映，在本地区所属厂站的一次接线图上进行主变压器挂牌后，相应信号能够按标志牌用途进行处理操作。但在工作结束后进行解除置牌操作时，右键点击标志牌，出现的菜单栏显示灰色，无法点击“标志牌移除”按钮，只能在地调侧的工作站上进行标志牌移除操作。

分析与处理：

排查发现，在该县调其中一个站的一次接线图上对不同设备进行置牌测试时，只有主

变压器设备存在无法移除标志牌的情况，在本地市其他县调厂站一次接线图上进行测试，并未发现类似情况，则推断为该县调厂站的主变压器设备模型设置异常。通过对比发现，在本地数据库变压器表中，该县调厂站的主变压器设备“责任区 ID”这一字域被设置成了“××县调”。正常情况下，变压器表的该字域默认为空，如图 1-9 所示。

序号	厂站ID	中文名称	间隔ID	电压类型ID		责任区ID	
1	驻马店.汝南县.板店站	35kV.板#1主变-高	驻马店.汝南县.板...	35kV			
2	驻马店.汝南县.板店站	10kV.板#1主变-低	驻马店.汝南县.板...	10kV			

图 1-9　数据库厂站变压器表

在本地数据库清除“责任区 ID”后，主变压器能够正常进行标志牌移除操作。

总结与建议：

自动化维护人员在进行厂站接入工程化作业时，应当按照维护手册进行数据库模型及相关图形的维护工作，尤其要注重流程，注意细节，避免不必要的错误。

7. 前置报文显示工具厂站信息不全

关键词：通道表、前置报文工具、厂站信息不全

问题与现象：

某县调反馈，在进行厂站通道接入主站系统调试时，已经在通道表中添加了该厂站的通道，但通过前置报文显示工具（终端输入 fes _ display 命令可打开该工具）不能找到该厂站的通道信息，从而无法查看相应通道上送的报文。正常情况如图 1-10 所示。

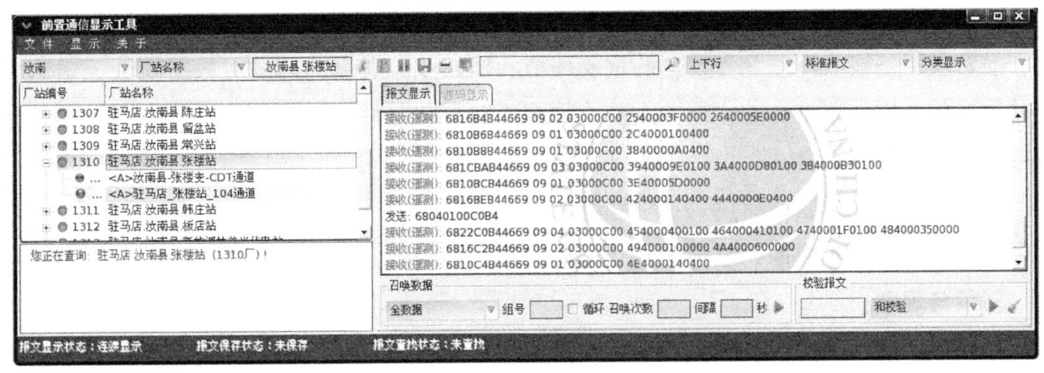

图 1-10　前置报文显示工具

分析与处理：

经分析，前置报文显示工具不显示目标厂站的通道信息是由数据库中相应表域未正常设置造成的。

首先，确认通道表里“厂站类型”是否为“虚拟站”。其次，查看通信厂站表里“厂站编号”是否为“0”，若为“0”，则需要按照所属地区的厂站编号顺延。如图 1-11 所示，

“厂站类型”不能为“虚拟站”，厂站编号大于0且不与其他厂站的厂站编号重复，同时不要在通道表里设置“厂站编号”。

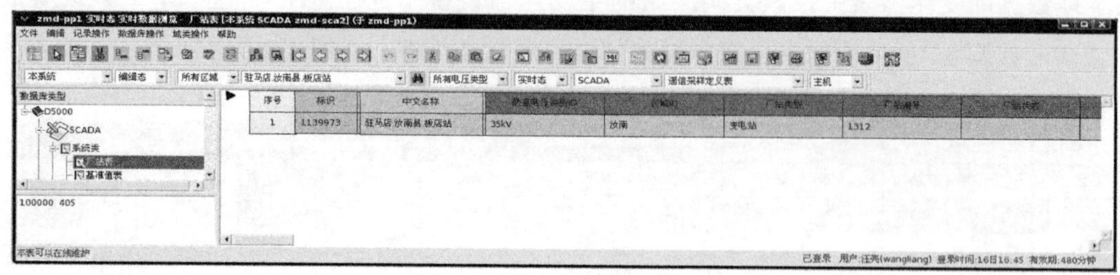

图1-11 厂站表

另外，需确认通道表里的“所属系统”是否为本区域，如图1-12所示。

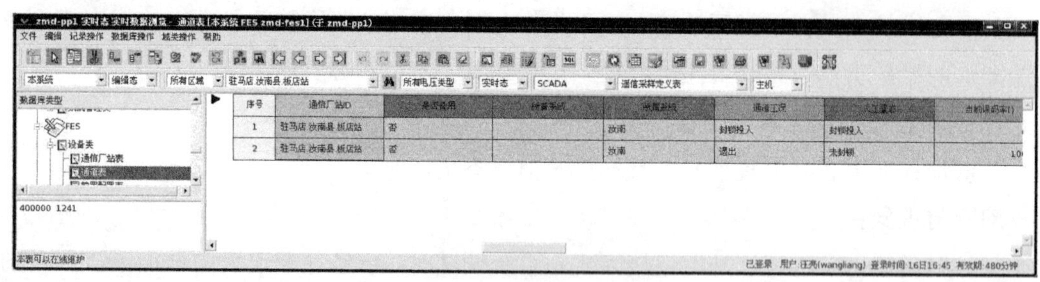

图1-12 通道表

依次确认各表域按要求填写后，前置报文工具里该厂站显示正常。

总结与建议：

前置应用是接收厂站业务数据的重要环节，厂站业务通道的调试对数据能否上送起着至关重要的作用，要求自动化维护人员能熟练理解、掌握系统运维技能，从而避免参数差错带来的系统运行异常。

8. 500kV变电站母线有功不平衡分析

关键词：母线不平衡、链路中断、远动时钟、测控死区

问题与现象：

11月份，某500kV变电站220kV母线不平衡共出现1781次，500kV母线不平衡共出现249次。监视显示该站每小时会出现链路自动重连情况。

分析与处理：

分析发现该站出现此类现象的大致原因如下：

（1）链路中断：由于站端配置远动时内置程序出错，导致远动程序判断报文翻转的时刻未被确认（主站正常确认），站端设备在15s后自动断链。

（2）死区设置：现场查看该站主变压器电流门槛为0.2%，电压门槛为0.2%，功率门槛为0.25%；线路电流门槛为0.5%，电压门槛为0.5%，功率门槛为1%；主变压器

与线路门槛差距较大。该站死区设置不符合 DL/T 5003—2017《电力系统调度自动化设计规程》5.2.3 中第 1 项规定的"模拟量越死区传送整定值最小值小于 0.1%（额定值），并逐点可调"。

(3) 远动时钟不同步：现场调试中发现，该站两个远动装置时钟相差约 4min，可能导致切换远动时上送缓存数据不同步，从而引发数据跳变。

总结与建议：

通过修改站端程序默认配置，站端链路自动重连现象消失；调整线路、主变压器各参数死区设置；实现将双远动和测控装置的时钟的 GPS 对时。处理后该站母线不平衡情况明显好转。

9. 主变压器挡位遥调异常

关键词： 遥调、双点遥控、单点遥控

问题与现象：

某站二期扩建核对信号测试遥调期间，主站在下发主变压器挡位遥调升挡、降挡，结果反馈均为升挡。

分析与处理：

发现这个问题后，立刻排查主站数据库点号与厂站后台点号是否一致，检查站端后台和远动机配置是否一致，核实无误并经分析后确认，该站站端遥调点为双点遥控，但却按单点遥控配置，造成主站主变压器挡位遥调异常，站端重新配置后挡位遥调恢复正常。

总结与建议：

自动化运维人员应该针对遥调关键信息，督促核实现场遥控、遥调类别，正确进行相关配置，避免配置错误导致运行异常。

10. 遥测数据异常处理

关键词： 遥测、异常

问题与现象：

主站采集遥测数据经常出现不刷新、跳变、采集异常等数据异常问题。

分析与处理：

数据异常的影响有：联络线数据会影响自动发电控制（AGC）、发电数据会影响地区乃至全省的发电数据总和、母线电压数据异常会影响自动电压控制（AVC）、数据异常通常会导致系统状态估计结果不合格等。

数据产生异常的原因有多种：测控装置故障、远动机系统故障、参数系数设置错误、人为操作等。不管是哪种原因导致的，都应将如何第一时间发现并解决数据异常视为自动化的一项重要工作。

在以往的工作过程中，数据异常问题总是在造成影响以后才能被发现，造成缺陷处置延误，并影响调度员对电网运行状态的正确判断。

若要快速地发现数据异常并通知相关单位处理，应从系统功能着手，通过编写、开发脚本，配合系统固有功能，实现对数据异常的实时监视和语音告警。通过对不同数据异常造成影响程度的不同，编制有针对性的语音，结合系统告警功能，触发语音，第一时间提醒值班员查看问题。

针对数据跳变问题，在系统中设置跳变告警上、下限，一旦数据变化达到限值，系统立即触发语音告警，值班员立刻查看分析，联系相关单位处理。数据跳变往往导致状态估计实际值与估计值残差很大，未达到限值的跳变数据，可以通过状态估计结果分析得出，并通知相关单位处理。基于以上的跳变数据若未采样，可以通过事故反演功能来分析查看。

数据不刷新问题可分为短时的数据不刷新和长时间的数据不刷新。对于数据不刷新问题，可通过 D5000 系统的遥测数据的状态标识（不变化、采集异常等）获取异常的数据，状态标识实时刷新，需要定时捕捉。首先利用 D5000 的表格关联需要监测的数据，让异常的数据显示出来，利用脚本功能将异常数据定时存下来，通过开发的脚本分析这些异常数据，并根据配置的策略，触发语音，快速发现不刷新数据。

数据异常结合调度运行管理系统（OMS）缺陷功能，将报出的数据异常问题与 OMS 缺陷管理系统结合，通过长时间、海量数据分析，积累缺陷处置经验，从而发现厂站系统的家族性缺陷。

总结与建议：

针对运行监视提前发现问题的工作难度，可以通过不断完善监视手段和技术措施，在未导致严重影响前，第一时间发现问题、解决问题。

建议不断完善系统功能，建立智能化的语音告警及分析功能，辅助运行监视工作。

11. D5000 系统应用异常

关键词：系统、应用、异常

问题与现象：

某日，地调 D5000 画面调阅显示异常，sca1 鼠标及键盘无法使用，远程登录到 sca1 发现应用及状态显示为问号，同时县调反映三台工作站总控台均无法登录。

分析与处理：

通过查看 D5000 应用运行日志以及操作系统日志，发现 sca1 的应用和操作系统的所有日志均已停止记录，操作系统 cron 日志如图 1-13 所示。

sca1 的 app _ msg. log 日志如图 1-14 所示。

根据其他节点应用日志记录分析，sca1 异常后本机无法正常切换为备机，而系统其他节点判断 sca1 应用正常，不需要进行主备机切换。

此期间画面数据显示异常是由于 SCADA 实时库无法正常访问，而县调反映的总控台登录报错是由于 PUBLIC 主机也在 sca1 节点，该机与其他节点交互异常，无法正常提供服务。经强制关机 scal 后，根据其他节点判断 scal 断网，系统自动切换主机恢复正常。

图 1-13　操作系统 cron 日志

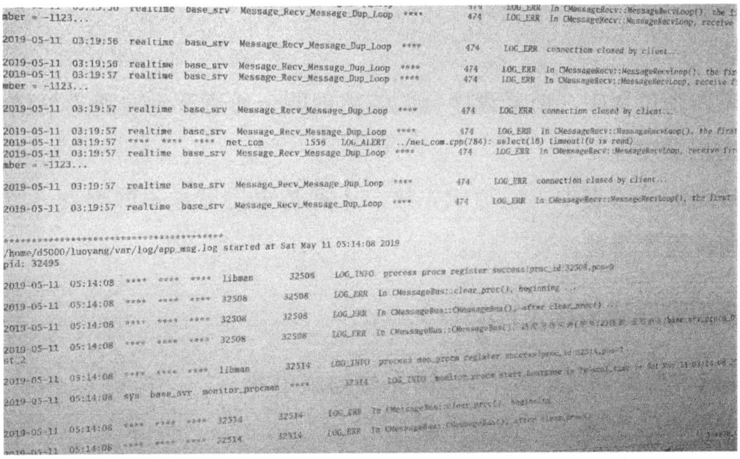

图 1-14　app msg. log 日志

后续应用和操作系统厂家及硬件厂家一起到达现场对故障进行详细分析，硬件厂家对硬件日志分析未发现异常告警记录，操作系统厂家对 message 及 memory 日志分析也未发现系统日志错误，由于现场机器已经重启未保留当时故障状态，根据用户描述故障当时操作情况，系统命令操作未出现异常，操作应用命令时出现异常，并且查看应用文件显示为问号，初步判定当时应为操作系统进程异常导致应用故障。

总结与建议：

本次异常发生是由于 scal 节点操作系统异常导致该节点 D5000 应用异常，为避免再次出现该问题，按照操作系统建议定期重启机器避免文件系统异常，每 6 个月进行一次重要服务器操作系统除尘和清除缓存重启，避免设备长时间运行从而出现异常，并进一步完善 D5000 系统应用点集不刷新功能，当 SCADA 主机实时库无法正常读取时进行告警及切机。

12. 变电站遥控拒动

关键词：遥控、拒动

问题与现象：

某日统计发现，某变电站一天内电容器和主变压器调挡拒动次数突然增多，在主站端通过人工遥控本厂站其他开关试验发现，遥控成功率仅有 10%，在厂站端后台机遥控试验发现成功率为 100%。

分析与处理：

首先查看主站通道报文发送和接收情况，遥控指令发送正确，主站端接收的回复指令有时正常，有时会收不到。核对站端通信管理机接收到的遥控报文指令，发现会收到来自主站端两条遥控指令。再次检查主站配置，在前置通信显示工具里发现此变电站地调和县调两个 104 通道同时亮绿灯，即同时切为主通道。在通道表中，把其中一个通道改为备用通道后，遥控恢复正常。

总结与建议：

在调整通道切换过程中，前置程序会偶尔出现两个通道都为主通道的情况，此时要检查通道表，避免错误发生。

在主站端数据库通道表中，通道优先级多个通道要设置成不同级别，“是否备用”域也要根据实际情况设置清楚。

1.2 广域相量测量系统（WAMS）

13. 主站加密卡配置问题造成 WAMS 采集通道中断

关键词：WAMS、加密卡、通道中断

问题与现象：

对 WAMS 历史数据分析时发现，接入主站的所有相量测量装置（PMU）通道会发生几十分钟一次的短暂中断。

分析与处理：

查看 WAMS 前置中厂站日志发现，数据报文丢失情况会不定时出现，通过系统命令 netstat 发现主、子站的连接出现断开问题，于是进行长时间的 ping 子站 IP 观察，如图 1-15 所示，发现时常有较高的延时问题。通过对比发现，对 PMU 数据加密后，所有站几十分钟会出现一次超过 2000ms（正常在 30ms 以内）的长延迟，主站同子站连接中断。

```
64 bytes from 41.100.10.8: icmp_seq=2190 ttl=64 time=13.1 ms
64 bytes from 41.100.10.8: icmp_seq=2191 ttl=64 time=17.4 ms
64 bytes from 41.100.10.8: icmp_seq=2192 ttl=64 time=23.6 ms
64 bytes from 41.100.10.8: icmp_seq=2193 ttl=64 time=20.0 ms
64 bytes from 41.100.10.8: icmp_seq=2194 ttl=64 time=16.3 ms
64 bytes from 41.100.10.8: icmp_seq=2195 ttl=64 time=12.7 ms
64 bytes from 41.100.10.8: icmp_seq=2196 ttl=64 time=12.2 ms
64 bytes from 41.100.10.8: icmp_seq=2197 ttl=64 time=2420 ms
64 bytes from 41.100.10.8: icmp_seq=2198 ttl=64 time=1428 ms
64 bytes from 41.100.10.8: icmp_seq=2199 ttl=64 time=428 ms
64 bytes from 41.100.10.8: icmp_seq=2200 ttl=64 time=12.9 ms
64 bytes from 41.100.10.8: icmp_seq=2201 ttl=64 time=13.0 ms
```

图 1-15 ping 子站报文

进一步分析发现，去掉加密策略的站不会发生中断，所以怀疑此问题与加密卡有关。与加密卡人员沟通后认为，可能与 WASM 前置服务器上加密卡配置有关。前期建站时，所有站包括 220kV 站和用户站（无 PMU）都进行了加密隧道和策略的添加，共 590 多条隧道，数量较大且加密软件轮训时间长，影响了加密卡处理时间。梳理后，对前置加密卡的加密隧道进行了精简，去掉不存在 PMU 的厂站，精简到 300 多个隧道。精简过程后期能明显感到加密程序响应的加快。进一步优化升级加密卡软件后，彻底解决了 PMU 数据卡顿现象。

总结与建议：

由于厂站 PMU 接入数量不断增多、站端纵向加密装置陆续投入，主站加密卡处理量越来越大，需要注意优化和精简配置，避免造成加密卡负担过重，影响正常处理能力。

14. WAMS 软件问题造成历史数据中断

关键词： WAMS、软件、数据中断

问题与现象：

运行中发现，当多人同时调用 WAMS 历史曲线时，画面更新变得缓慢，且影响 PMU 数据写入历史库，会造成历史数据中断。

分析与处理：

问题发生后，对 WAMS 软件进行了检查，发现历史库读写进程为同一个进程，查看历史曲线时同时会影响数据写库。协调厂家优化历史库读写软件，将读写进程分开，并重新挂接磁盘阵列。升级处理后，WAMS 历史库读写更加稳定可靠。

总结与建议：

由于 PMU 站多、PMU 数据量大，软件和数据库设计应尽量优化，确保运行可靠稳定。

15. 路由配置问题造成 PMU 通道中断

关键词： PMU 通道中断、路由配置

问题与现象：

WAMS 前置服务器重新启动后，发现部分电厂 PMU 地调接入网通道中断。

分析与处理：

检查分析后发现，通道中断的厂站路由地址被设置为临时路由，服务器重新启动后，临时路由丢失，造成部分发电厂地调平面中断。按照双平面地址访问规则重新梳理厂站地址路由，修改路由配置后，此部分 PMU 通道恢复正常。

总结与建议：

WAMS 前置对 PMU 地址路由的设置应合理规范，且符合网络安全防护要求，调试期间应将路由设置在文件中，而不是在临时文件中，避免重启后丢失。

16. WAMS 前置配置问题造成新增站无法连接

关键词：无法连接、WAMS 前置配置

问题与现象：

运行中发现 WAMS 前置存在新增站或中断后的站无法建立连接的情况。

分析与处理：

经检查软件，前置程序每个通道需要 6 个文件描述符，而消息总线接口所需要的文件描述符的个数是：通道个数×目的发送节点的个数。

由于链路个数增多，进程所需的文件描述符的总量增多，在修改系统文件配置的情况下，默认每个进程最大文件描述符使用个数为 1024，当前主站 wams _ fes 采集节点的进程所需描述符个数已经超过了 1024，如不修改，则超过的链路数据会丢失，造成某站无实时数据。

修改/etc/security/limits. conf，添加两条信息：

```
d5000    soft   nofile    102400
d5000    hard   nofile    102400
```

增加进程的文件描述符最大个数，修改完毕后重启前置服务器，完成操作。

总结与建议：

随着接站数量的增多，应检查 WAMS 各服务器程序中与站数量相关的设置，避免超过限值引起系统异常。

17. 缓存区过小造成多站 WAMS 数据出现断点

关键词：WAMS 数据、多站、断点

问题与现象：

前置收到 PMU 数据正常，但消息总线数据丢失，影响多个站 WAMS 实时数据，且上送数据量大的厂站影响较大。

分析与处理：

多条链路的动态监视曲线图上出现断点的情况，同一时刻同一个站内的数据点并没有全部中断，存在部分有数据、部分无数据的情况，如图 1-16 所示。

通过查看消息总线日志 app _ msg _ log. xxxx 可以看出消息总线缓冲区已满，程序进行丢弃数据操作。

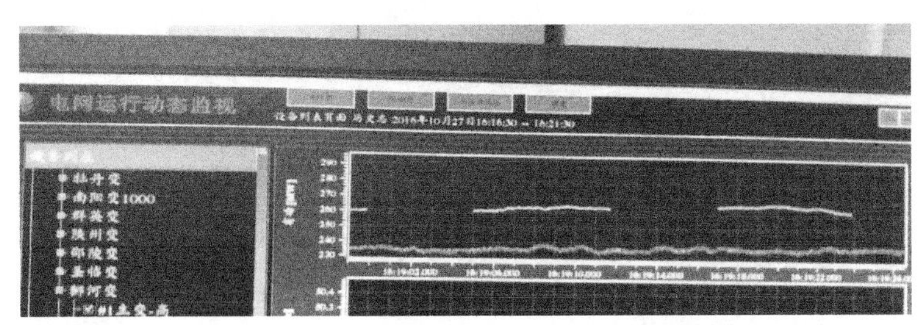

图 1-16　多条链路的动态监视曲线图

对 WAMS 与消息总线进行数据分析发现，部分数据还未被读取就被丢弃，造成数据出现断点的情况，由于缓冲区满的时刻无规律，因此会有随机的数据点在未读取的情况下就被丢弃。前置程序和实时序列库技术人员研究后确定通过修改发送和接收的数据包大小来适应消息总线的处理频率。前置程序和实时序列库读取程序将原来的 4000 字节大小的数据包修改成 30k 的大小。修改后问题不再出现。

总结与建议：

WAMS 数据涉及前置、消息总线、应用程序，三部分程序相关设置应彼此匹配合理，确保数据流稳定可靠。

1.3　高级应用

18. 终端变压器标志导致状态估计结果异常

关键词：终端变压器、状态估计、异常

问题与现象：

运行值班人员工作中，经常要对状态估计指标不合格量测及母线平衡进行处理，保证调度端状态估计指标排名。

某日，某厂站运行人员发现状态估计指标异常，状态估计画面出现大量不合格量测信息，状态估计结果与量测值残差值较大。

分析与处理：

通过查看状态估计画面，发现该厂站线路和主变压器等设备遥测数据正常、遥信数据正常。查看设备参数、模型节点均正常。查看本地画面，遥测、遥信数据正常，参数、模型正常。从而确认非站端数据异常导致，也非调度端送上级调度数据异常导致，下一步排查主变压器参数问题。

根据送电计划，发现该厂站主变压器近期送电。对主变压器参数进行排查，如图 1-17 所示，发现在数据库 SCADA 设备类的变压器表中，该新增主变压器的终端变压器标志为“否”，调整为“是”以后，通过模型验证、模型复制。重新计算后，本地状态估计正常，经与模型中心拼接以后，结果恢复正常。

图 1-17 变压器参数表

分析问题原因，该厂站新上 1 号主变压器时，1 号主变压器参数默认终端变压器标志为“否”，次主变压器非终端变压器，在参与状态估计计算时，低压侧数据也参与计算，系统误判此主变压器下连仍有设备，导致状态估计指标异常。手动调整为“是”，将主变压器状态调整为终端变压器，不合格量测信息消失。

总结与建议：

（1）针对新设备投运，制定详细的操作确认步骤：

1）厂站上报工作票；

2）运行人员核对新间隔遥信、遥测，确保 104 双通道、主备机核对；

3）运行人员确认画面采样曲线添加；

4）拼接系统母线电压归零值设置为 5，其他设置为 1；

5）查看主变压器参数，无下连设备确认参数选择终端变压器；

6）确认核对完毕，联系值班长挂检修牌。

（2）已有新设备投运流程缺少终端变压器参数确认流程，下一步增加此问题的确认工作，减少类似由于参数配置问题导致的状态估计异常及其他数据异常问题。

19. 快速发现大量不合格状态估计数据

关键词：状态估计、语音告警、监视、指标

问题与现象：

某日状态估计指标出现异常，指标从 99.63 开始下滑，平均每半小时下降 0.01。数据不断变化，只能通过多人分区来分析查找问题的根源，经过 2 个多小时的分析处理，截至问题处理完毕，指标已经下滑到 99.53，距离合格线只差 0.03。

分析与处理：

事后通过对此类事件的总结，开发出一套自动分析、语音触发功能为一体的自动化量

测分析告警程序。自动化量测分析告警程序是实现对自动化不合格量测分析与告警的监控系统，从指标页面发布的大量繁杂的不合格量测数据中提炼出有用的信息，以语音的形式告知自动化人员进行处理，系统对大量的、看似杂乱无章的数据与信息进行快速有效的深入分析和处理，将分析结果推送到监视大屏上，从中找出规律和方法，获取决策所需要的信息，从而迅速有效地处理不合格量测数据。

程序分为四个部分：实时监视分析、历史对比分析、自定义查询分析、语音告警。四部分对应不同的需求：①实时监视分析程序适合观察 30min 内不合格量测数据，找到 30min 内出现最多的线路，将这些数据进行分析，找出疑似的线路并显示出来，通过一次接线图和历史曲线分析迅速找出问题的原因并处理；②历史对比分析适合找出两日内不合格量测，线路统计出某条量测出现频率并以降序方式显示出来，对当日出现的量测线路和前日相同线路的频率进行比对，找出新出现的不合格量测线路，并结合实践及理论分析处理；③自定义查询分析程序非常灵活，它是前两个程序的基础，通过将找到的不合格量测线路输入到自定义查询系统，能找出该线路 7 天出现的频率，帮助处理人员判断某条不合格线路出现的变化轨迹，将抽象的数据变成可读的画面，有助于分析及处理；④语音告警程序方便日常工作，将不能实时监视状态估计指标成为可能，只要将监视的对象添加到指定的位置，并设定好阈值，它就能实时的监视指标，例如出现电厂某发电机发电或者停电，变化超过 85 万 kW 就会触发语音告警，提醒值班人员查看某线路是否出现异常。

总结与建议：

为了确保系统高负荷下状态估计的指标要求，提出一种利用状态估计原始数据分析处理的算法。在状态估计数据的基础上，根据状态估计历史数据作为参考比对，结合实时产生的不合格量测数据在状态估计分析算法中检测可能存在的不良数据。应用结果表明，采用实时状态估计分析告警软件，减少不必要的人为判断，提高了效率及分析的准确性和精度，加快了处理量测的速度。

20. 电抗器额定容量参数错误导致状态估计偏差

关键词：状态估计、容抗器、参数

问题与现象：

某 500kV 变电站母联电抗器无功功率状态估计值与 SCADA 量测值相差较大，影响全站无功功率状态估计结果。

分析与处理：

故障发生后，查看母联电抗器参数，发现参数填写为额定容量－120Mvar，额定电压 550kV。经与现场核实，额定容量应为－150Mvar，如图 1-18 所示。将额定容量参数修改后，问题解决。

电容器额定电压、额定容量是状态估计计算的两个关键参数。人工维护时，可能未获得设备实际参数，但可以根据经验参考其他站容抗器参数填写，投运后未及时核对更新。

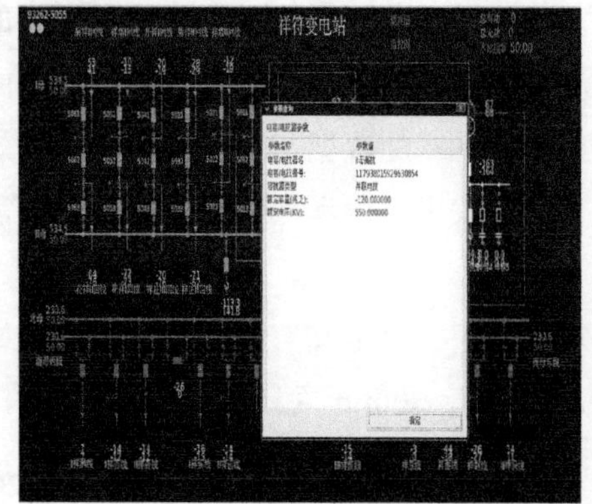

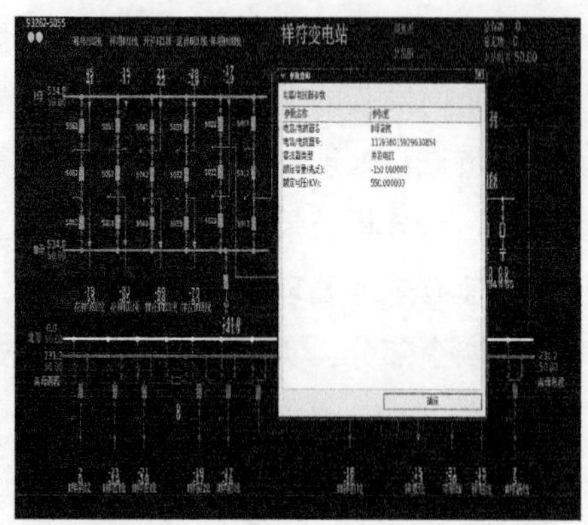

图 1-18　电抗器参数

参与建模的电网设备参数应保证其完整性和准确性。容抗器重要参数有额定电压、额定容量、容抗器类型，其参数的准确与否将直接影响状态估计计算结果。

状态估计计算中没有取用容抗器的无功量测，而是根据容抗器的开关遥信状态以及额定电压、额定容量两个参数，考虑站内无功功率平衡约束条件进行计算，容抗器参数错误将影响站内多个设备无功功率状态估计结果。

总结与建议：

对于新建、改造、扩建原因造成的设备参数新增、变更，应在设备投运前获取确认。

21. 主变压器电抗参数错误导致状态估计偏差

关键词：状态估计、变压器、标幺值

问题与现象：

某 500kV 变电站新增设备 3 号主变压器凌晨投运后，主变压器高、中压侧有功功率估计值与量测值偏差达 150MW 左右，8 点 55 分 3 号主变压器停运后，状态估计恢复正常。

分析与处理：

故障发生后，首先对量测数据进行排查，把鼠标放在任意一条母线上，确认母线功率不平衡量是否在合理范围内，核对主变压器各侧有功数据平衡，因此排除量测数据异常。

因故障现象在新设备 3 号主变压器投运后出现，而其停运后消失，故核对主变压器参数，经对比发现，3 号主变压器中压绕组正序电抗较 1 号、2 号主变压器大 10 倍左右，根据主变压器铭牌重新计算后发现，3 号主变压器中压绕组正序电抗标幺值填写错误，应缩小到 1/10，判断为维护人员填写时小数点错位。更改后，该站状态估计计算结果恢复正常。

维护变压器绕组正序电阻、正序电抗标幺值时，由于人为因素导致小数点错位等误填问题难以完全避免。

状态估计参与建模的电网设备参数应保证其完整性和准确性。变压器绕组重要参数有正序电阻标幺值、正序电抗标幺值、额定电压、额定功率，其参数的准确与否将直接影响状态估计计算结果，因此建议建立完备的维护监督和校核机制。

总结与建议：

一方面维护人员要增强责任心，填写参数后应进行二次核对；另一方面可通过建立跨专业参数管理平台，实现在线参数与保护专业参数、方式专业参数的自动比对，及时发现偏差较大的可疑参数。

22. 线路量测数据异常导致状态估计偏差

关键词：状态估计、线路、量测数据准确性

问题与现象：

新增 500kV 电网设备线路 XY 线投运后，该线路出现无功功率估计结果不合格现象。

分析与处理：

故障发生后，首先对 XY 线无功量测采集的数据进行排查，查看线路两侧的无功数值，如图 1-19 所示，发现 X 侧为－211Mvar，对端 Y 侧为－13Mvar，该线路充电无功为 224Mvar，长度为 94km，根据经验，500kV 线路每千米的充电无功为 1Mvar 左右，该线路无功数据明显异常。

进一步排查发现，X 侧母线不平衡，而 Y 侧母线平衡，确认 XY 线 X 侧无功量测数据异常，通知现场进行检查。检修人员检查测控装置，发现测控电压 N600 回路对应的厂家内配线，在背板处有松动，导致采样电压失去 N 相，产生负序电压，进而计算出较多的无功功率。重新紧固内配线后，无功功率恢复为－77.14Mvar，缺陷消除。

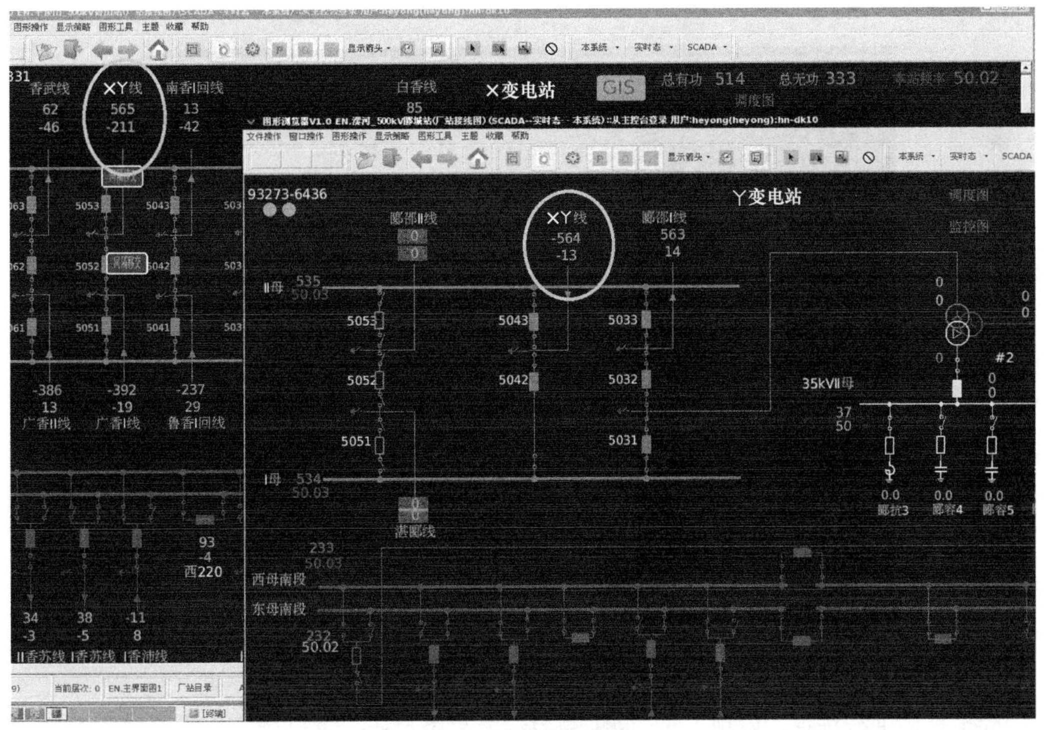

图 1-19　XY 线路两侧无功

现场测控装置、配置错误、端子虚接、板卡损坏等软、硬件故障等，均可能导致送至主站系统的量测数据异常（能正常采集、没有任何错误标志位，但实际是错误数据）。线路有功功率、无功功率遥测数据，断路器、隔离开关遥信数据共同参与状态估计计算，遥测、遥信量测数据正确与否，直接影响状态估计结果。

总结与建议：

对于计算结果中的大误差点，首先进行量测数据准确性排查。数据可以通过量测母线功率、线路首末端有功功率、变压器有功功率、并列母线电压偏差、运行线路断路器（隔离开关）遥信等技术手段，进行初步排查。

23. 线路量测数据不刷新导致状态估计偏差

关键词：状态估计、线路、量测数据不刷新

问题与现象：

某 220kV ⅠAB 线持续出现有功功率、无功功率估计结果不合格问题，并影响到周围几条线路估计结果。

分析与处理：

故障发生后，首先对ⅠAB 线量测数据进行排查。查看 B 站厂站图，发现ⅠAB 线有功、无功量测数据均显示为灰色（表示量测数据不变化），调阅ⅠAB 线有功功率、无功功率历史曲线，如图 1-20 所示，发现均在 9 点左右开始出现持续拉直线现象，调阅对端站查看改线路实时量测数据及历史曲线均正常，进而确定为 B 站站端实时数据问题。

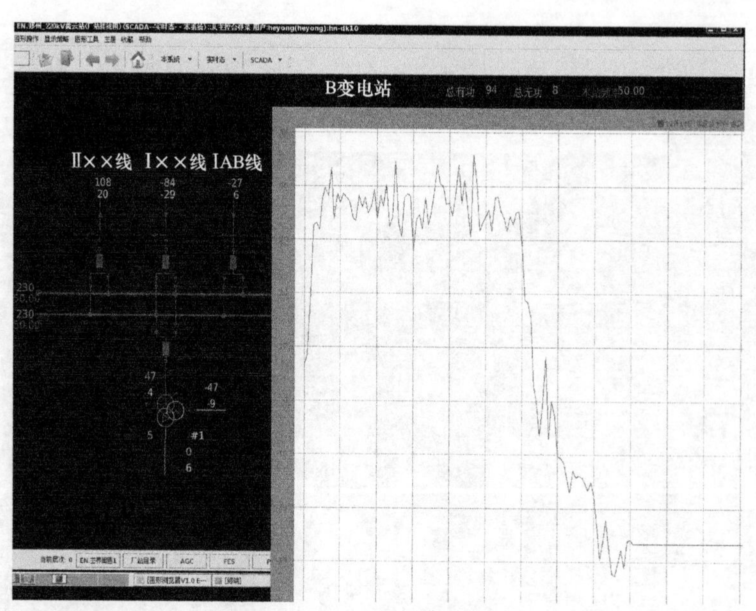

图 1-20　功率历史曲线

联系现场进行排查，发现ⅠAB 间隔测控装置程序走死，重启测控装置后恢复正常。

现场测控装置程序走死、远动机通信程序走死、配置错误、端子虚接、板卡损坏等故

障，均可能导致量测数据不刷新，导致该线路状态估计结果异常。

总结与建议：

对于计算结果中的大误差点，可以通过量测数据标志位或刷新情况进行排查，从而可以快速定位导致状态估计结果异常的地方，进而快速处理。

1.4 调度运行管理系统

24. 交换机单电源

关键词：交换机、单电源、数据库挂载失败

问题与现象：

某日，OMS 应用无法登录，应用无法访问数据库。

分析与处理：

经检查数据库服务发现，磁盘阵列无法挂载，导致数据库宕机，OMS 服务停止。核查数据库服务器操作系统模块正常，初步判定为硬件问题；检查磁盘阵列所接交换机，发现交换机电源模块损坏，且磁阵网络方式为单网模式，因此磁阵网络中断导致数据库无法挂载到磁盘阵列上，导致数据库宕机，OMS 应用无法使用。

针对该问题，更换了磁阵交换机电源模块，交换机通电后磁盘阵列、数据库、OMS 应用服务均恢复正常。

总结与建议：

系统建设考虑了数据库冗余服务器、磁盘阵列等设备，却忽视了磁阵交换机双网建设，导致系统结构存在缺陷。针对此类问题，管理上应加强对磁阵交换机的巡视，完善相关应急预案；技术上逐步完善磁阵双网络结构。

此外，造成 OMS 应用无法使用的原因大致分为软件和硬件两方面：硬件方面，服务器硬件损坏、磁盘阵列硬件损坏、磁盘坏道、网络中断等因素均能造成 OMS 应用宕机。软件方面，磁盘空间不足、数据库 bug 等因素也能造成 OMS 应用服务无法使用，例如出现过数据库服务器宕机的软故障现象。执行 SQL 语句如图 1-21 所示，执行到一定次数后达梦服务器出现过宕机现象。

分析 core 文件发现：①使用 round 函数查询的子查询生成一个包含 val 的虚拟表，字段的类型为 dec（38，3），经过 round 进行标度拓展为 4，会拓展为 dec（39，4），从而产生精度超长的异常。②xexe _ exec _ parse 调用 opt _ main 进行语义分析与优化，opt _ main 产生语句类型不支持，调用 opt _ report _ error 对 opt _ para. error 进行内存分配与初始化，其他错误仅返回错误码，而 xexe _ exec _ parse 在此时直接访问 opt _ para. error 会导致空指针访问错误。

此类问题与数据库版本相关性较大。对于标度拓展，如果精度已经达到最大精度 38，则不再对精度拓展，仅进行标度拓展，也就是 dec（38，3）直接拓展为 dec（38，4）。对于 xexe _ exec _ parse，如果 opt _ para. error 为空，则调用 opt _ report _ error 处理错误

码，保证内存已经分配并初始化，完成此问题的消缺。更新数据库版本时要考虑周全，多次验证，将运行风险降到最低。

```
declare
vsql varchar(2000);
begin
vsql:='select    round(val,    4)    from    (select
round(sum(a.wgelecq  *  (1  -  b.xs)),  3)  val  from
dlsc.TB_SBFH_BID_PLANTELECQ          a,          (select
plantid,sum(to_number(selfuse)) / count(selfuse) xs from
dlsc.tb_bas_unit group by plantid) b where a.PDATE >=
to_date(''2014-06-16'', ''yyyy-mm-dd'') and a.PDATE <
to_date(''2014-06-16'', ''yyyy-mm-dd'')+1  and a.plantid
=    b.plantid    and    a.plantid    not    in
(''0097'',''0072'',''0010'',''0094'',''0011'',''0059'',''
0096'') )';
exec immediate vsql;
end;
```

图 1-21　数据库 SQL 语句

25. 门户网站登录卡顿

关键词：门户网站、登录卡顿、雪崩测试

问题与现象：

某日，OMS 门户登录出现卡顿、页面打开缓慢现象。

分析与处理：

检查发现，当时在线人数较多，多数用户由于卡顿进行了多次刷新，导致应用请求过多，超过了当前最大连接数，致使 OMS 系统出现无法登录现象。经查看 OMS Web 应用发现，系统资源占用率过高，导致卡顿现象发生，重启 Web 应用后，门户能正常访问。

总结与建议：

结合门户卡顿问题，开展 OMS 系统运行评估工作，旨在评估系统实际运行情况，分析运行风险点，提前开展完善优化工作，确保系统的安全稳定运行。评估方法如下：

采集 12h 的实时运行数据，利用雪崩测试方法，评估系统性能情况，分析系统稳定性及各模块用户并发人数及各操作的响应时间，如表 1-1～表 1-3 所示。

表 1-1　对象分析

模式	操作系统	Web 服务器	数据库	开发语言
B/S 架构	Linux	Weblogic	DM7	Java

表 1-2　硬件配置

服务器名称	配置/详细信息	数量	IP
Web/数据库服务器	操作系统：Linux；内存：65970MB； CPU 个数：16；硬盘容量：500G	1	10. *1. * * *. * * *

续表

服务器名称	配置/详细信息	数量	IP
负载均衡	操作系统：Linux；内存：65970MB； CPU 个数：16；硬盘容量：500G	1	10. *1. * * *. * * *
客户端	Intel（R） Xeon（R）CPU E5620 @2. 40GHz； 内存 12G；操作系统：Windows 7	1	10. *1. * * *. * * *

表 1-3　　软 件 配 置

序号	软件名称	Web 服务器	数据库服务器	测试 PC（个人计算机）
1	中间件	Weblogic		
2	数据库		DM7	
3	浏览器			IE8
4	测试工具			LoadRunner11 试用版

测试方法：

通过分别通过 100 个用户、200 个用户、300 个用户在系统上对门户网站登录，一次检修管理、二次检修管理、新能源月报管理三个场景进行并发访问、填报、发送及审批操作如，如表 1-4～表 1-7 所示。

表 1-4　　模拟 100/200/300 个用户登录门户网站

用例名称	100/200/300 个用户并发新增、保存、查询	用例编号	009/010/011
测试步骤	（1）部署性能测试环境； （2）用工具录制脚本：http：//10. *1. 4. 3； （3）进入首页后，输入用户名和密码，点击登录； （4）稍等片刻后再点击退出		
场景设计	（1）设计用户数量为 100/200/300 个； （2）加压方案：每隔 5s 自动增加 2 个用户登录系统； （3）减压方案：每隔 10s 自动停止 5 个用户，直到全部停止； （4）每个事务的思考时间保持录制时的思考时间并稍作修改，以模拟真实用户的操作时间		
执行时间	18min 35s；17min 14s；37min 24s		
预期结果	（1）页面响应时间平均值不能超过 3s； （2）CPU 使用率平均值不能高于 70%； （3）物理内存使用率不超过 70%； （4）业务成功率为 100%		

表 1-5　　模拟 100 个用户并发填报、发送、审批

用例名称	100 用户并发填报、发送、审批	用例编号	002
测试步骤	（1）部署性能测试环境； （2）用工具录制脚本：http：//10. *1. 4. 126：7001/TBPWeb； （3）在登录页面中输入用户名、密码，点击“登录”按钮，进入系统首页； （4）点击“调度计划”，再点击左侧的“日计划”“输变电日计划”； （5）进入“申请流程管理”页面； （6）点击新增一条记录，点击保存；		

续表

用例名称	100用户并发填报、发送、审批	用例编号	002
测试步骤	(7) 点击发送，选择需要发送人员，确认发送； (8) 切换账号登录，再次打开菜单； (9) 进入申请管理页面； (10) 打开查看一条日计划，然后关闭； (11) 处理一条日计划并发送		
场景设计	(1) 设计用户数量为100个； (2) 加压方案：每隔5s自动增加2个用户登录系统； (3) 减压方案：每隔10s自动停止5个用户，直到全部停止； (4) 每个事务的思考时间保持录制时的思考时间并稍作修改，以模拟真实用户的操作时间		
执行时间	11min 8s		
预期结果	(1) 页面响应时间平均值不能超过5s； (2) CPU使用率平均值不能高于70%； (3) 物理内存使用率不超过70%； (4) 业务成功率为100%		

表1-6　模拟200个用户并发填报、发送、审批

用例名称	200个用户并发新增、保存、查询	用例编号	004
测试步骤	(1) 部署性能测试环境； (2) 用工具录制脚本：http：//10.41.4.126：7001/TBPWeb； (3) 在登录页面中输入用户名、密码，点击“登录”按钮，进入系统首页； (4) 点击“自动化”，进入二次设备日计划填报页面； (5) 点击新增一条记录，点击保存； (6) 点击发送，选择需要发送人员，确认发送； (7) 启用流程并发送下一步		
场景设计	(1) 设计用户数量为200个； (2) 加压方案：每隔5s自动增加2个用户登录系统； (3) 减压方案：每隔10s自动停止5个用户，直到全部停止； (4) 每个事务的思考时间保持录制时的思考时间并稍作修改，以模拟真实用户的操作时间		
执行时间	19min 50s		
预期结果	(1) 页面响应时间平均值不能超过5s； (2) CPU使用率平均值不能高于70%； (3) 物理内存使用率不超过70%； (4) 业务成功率为100%		

表1-7　模拟300个用户并发新增、保存、查询

用例名称	300个用户并发新增、保存、查询	用例编号	008
测试步骤	(1) 部署性能测试环境； (2) 用工具录制脚本：http：//10.41.4.126：7001/TBPWeb； (3) 在登录页面中输入用户名、密码，点击“登录”按钮，进入系统首页； (4) 30个用户在“调度计划”中的输变电计划填报审批流程； (5) 50个用户在“自动化”二次设备日计划填报启用流程，审批流程； (6) 120用户在“新能源”月报填报和修改流程中		

续表

用例名称	300 个用户并发新增、保存、查询	用例编号	008
场景设计	（1）设计用户数量为 300 个； （2）加压方案：每隔 5s 自动增加 2 个用户登录系统； （3）减压方案：每隔 10s 自动停止 5 个用户，直到全部停止； （4）每个事务的思考时间保持录制时的思考时间并稍作修改，以模拟真实用户的操作时间		
执行时间	33min 24s		
预期结果	（1）页面响应时间平均值不能超过 7s； （2）CPU 使用率平均值不能高于 70%； （3）物理内存使用率不超过 70%； （4）业务成功率为 100%		

测试结果：

测试结果如图 1-22～图 1-25 所示。

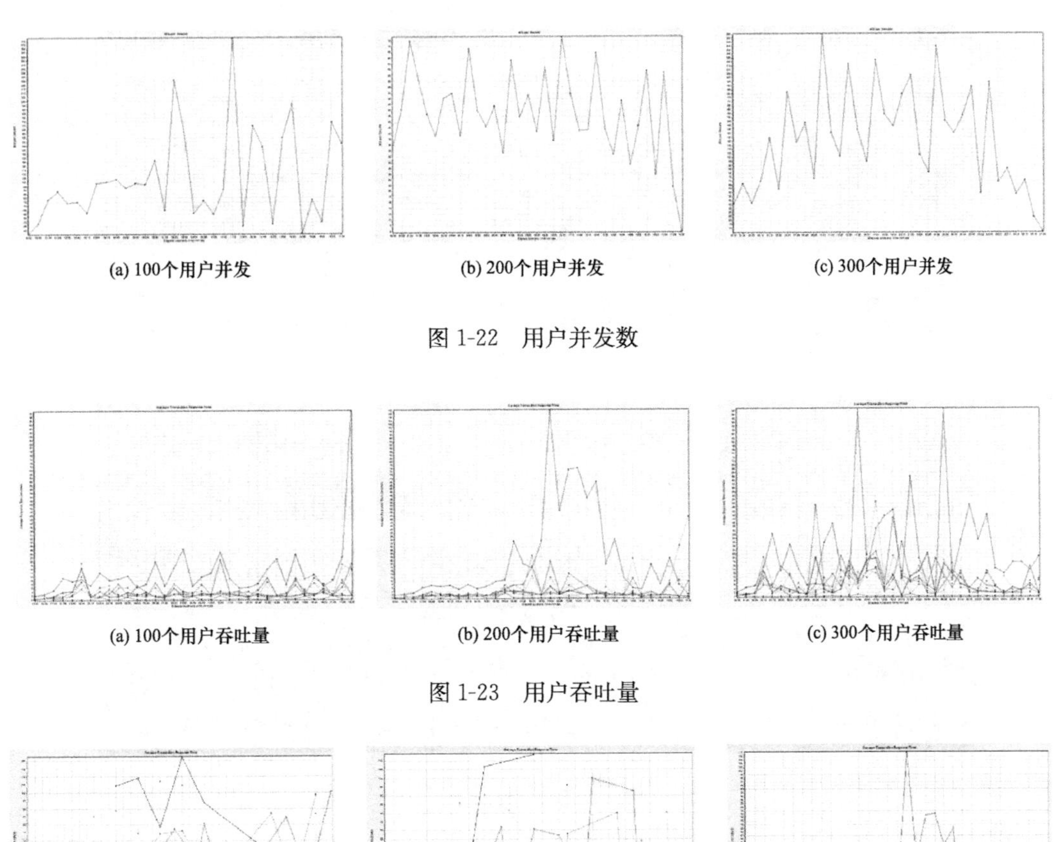

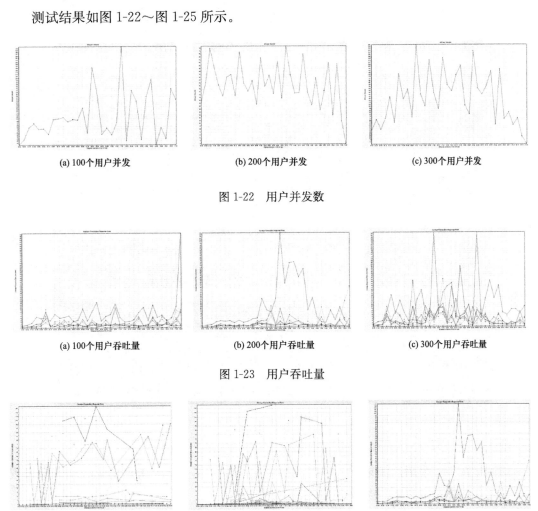

(a) 100个用户并发　(b) 200个用户并发　(c) 300个用户并发

图 1-22　用户并发数

(a) 100个用户吞吐量　(b) 200个用户吞吐量　(c) 300个用户吞吐量

图 1-23　用户吞吐量

(a) 100个用户响应时间　(b) 200个用户响应时间　(c) 300个用户响应时间

图 1-24　平均事务响应时间

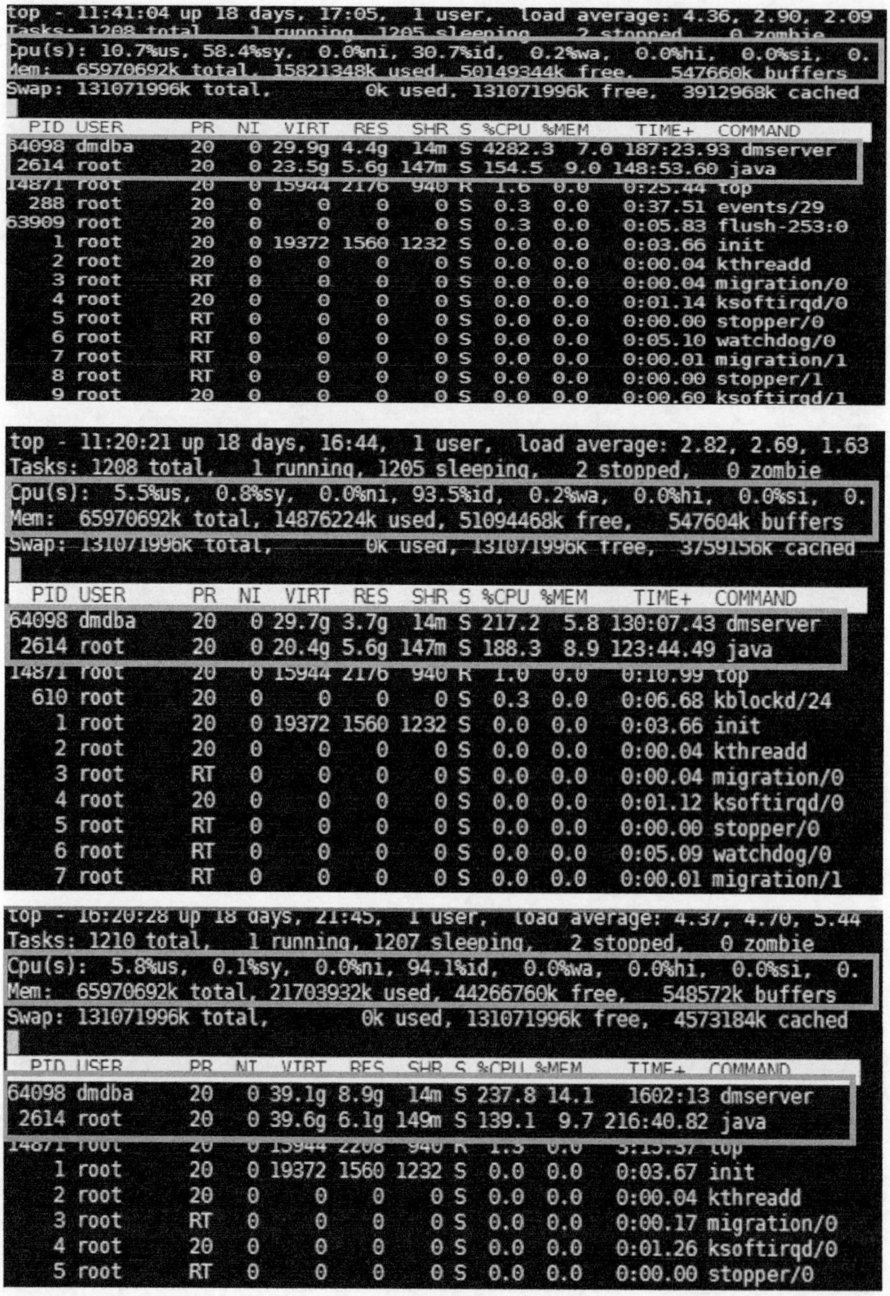

```
top - 11:41:04 up 18 days, 17:05,  1 user,  load average: 4.36, 2.90, 2.09
Tasks: 1208 total,   1 running, 1205 sleeping,   2 stopped,   0 zombie
Cpu(s): 10.7%us, 58.4%sy,  0.0%ni, 30.7%id,  0.2%wa,  0.0%hi,  0.0%si,  0.
Mem:  65970692k total, 15821348k used, 50149344k free,   547660k buffers
Swap: 131071996k total,        0k used, 131071996k free,  3912968k cached

  PID USER      PR  NI  VIRT  RES  SHR S %CPU %MEM    TIME+  COMMAND
64098 dmdba     20   0 29.9g 4.4g  14m S 4282.3  7.0 187:23.93 dmserver
 2614 root      20   0 23.5g 5.6g 147m S 154.5  9.0 148:53.60 java
14871 root      20   0 15944 2176  940 R  1.6  0.0   0:25.44 top
  288 root      20   0     0    0    0 S  0.3  0.0   0:37.51 events/29
63909 root      20   0     0    0    0 S  0.3  0.0   0:05.83 flush-253:0
    1 root      20   0 19372 1560 1232 S  0.0  0.0   0:03.66 init
    2 root      20   0     0    0    0 S  0.0  0.0   0:00.04 kthreadd
    3 root      RT   0     0    0    0 S  0.0  0.0   0:00.04 migration/0
    4 root      20   0     0    0    0 S  0.0  0.0   0:01.14 ksoftirqd/0
    5 root      RT   0     0    0    0 S  0.0  0.0   0:00.00 stopper/0
    6 root      RT   0     0    0    0 S  0.0  0.0   0:05.10 watchdog/0
    7 root      RT   0     0    0    0 S  0.0  0.0   0:00.01 migration/1
    8 root      RT   0     0    0    0 S  0.0  0.0   0:00.00 stopper/1
    9 root      20   0     0    0    0 S  0.0  0.0   0:00.60 ksoftirqd/1
```

```
top - 11:20:21 up 18 days, 16:44,  1 user,  load average: 2.82, 2.69, 1.63
Tasks: 1208 total,   1 running, 1205 sleeping,   2 stopped,   0 zombie
Cpu(s):  5.5%us,  0.8%sy,  0.0%ni, 93.5%id,  0.2%wa,  0.0%hi,  0.0%si,  0.
Mem:  65970692k total, 14876224k used, 51094468k free,   547604k buffers
Swap: 131071996k total,        0k used, 131071996k free,  3759156k cached

  PID USER      PR  NI  VIRT  RES  SHR S %CPU %MEM    TIME+  COMMAND
64098 dmdba     20   0 29.7g 3.7g  14m S 217.2  5.8 130:07.43 dmserver
 2614 root      20   0 20.4g 5.6g 147m S 188.3  8.9 123:44.49 java
14871 root      20   0 15944 2176  940 R  1.0  0.0   0:10.99 top
  610 root      20   0     0    0    0 S  0.3  0.0   0:06.68 kblockd/24
    1 root      20   0 19372 1560 1232 S  0.0  0.0   0:03.66 init
    2 root      20   0     0    0    0 S  0.0  0.0   0:00.04 kthreadd
    3 root      RT   0     0    0    0 S  0.0  0.0   0:00.04 migration/0
    4 root      20   0     0    0    0 S  0.0  0.0   0:01.12 ksoftirqd/0
    5 root      RT   0     0    0    0 S  0.0  0.0   0:00.00 stopper/0
    6 root      RT   0     0    0    0 S  0.0  0.0   0:05.09 watchdog/0
    7 root      RT   0     0    0    0 S  0.0  0.0   0:00.01 migration/1
```

```
top - 16:20:28 up 18 days, 21:45,  1 user,  load average: 4.37, 4.70, 5.44
Tasks: 1210 total,   1 running, 1207 sleeping,   2 stopped,   0 zombie
Cpu(s):  5.8%us,  0.1%sy,  0.0%ni, 94.1%id,  0.0%wa,  0.0%hi,  0.0%si,  0.
Mem:  65970692k total, 21703932k used, 44266760k free,   548572k buffers
Swap: 131071996k total,        0k used, 131071996k free,  4573184k cached

  PID USER      PR  NI  VIRT  RES  SHR S %CPU %MEM    TIME+  COMMAND
64098 dmdba     20   0 39.1g 8.9g  14m S 237.8 14.1   1602:13 dmserver
 2614 root      20   0 39.6g 6.1g 149m S 139.1  9.7 216:40.82 java
14871 root      20   0 15944 2208  940 R  1.3  0.0   3:13.37 top
    1 root      20   0 19372 1560 1232 S  0.0  0.0   0:03.67 init
    2 root      20   0     0    0    0 S  0.0  0.0   0:00.04 kthreadd
    3 root      RT   0     0    0    0 S  0.0  0.0   0:00.17 migration/0
    4 root      20   0     0    0    0 S  0.0  0.0   0:01.26 ksoftirqd/0
    5 root      RT   0     0    0    0 S  0.0  0.0   0:00.00 stopper/0
```

图 1-25　资源占用情况

结论：

访问量在 100 个用户场景下，系统运行情况正常，在 300 个用户场景下出现缓慢现象，但系统仍能正常使用，需要对系统进行优化。

经过详细测试，利用专业巡检工具，对系统做了详细体检，并对核心业务的代码进行了优化，进一步保证了页面响应时间平均值不超过 5s，CPU 使用率平均值不高于 70%。同时，加强了系统软硬件的巡检力度，确保系统的稳定运行。

26. 地调三区交换机 bug 造成宕机

关键词：交换机、无法访问、三区数据库挂载失败

问题与现象：

某日，收到手机短信提示地调三区库连接中断告警，三区历史查询终端，办公网无法访问网址。

分析与处理：

在现场发现三区达梦数据库挂载失败。通过挂载测试，确认磁盘阵列读写正常。通过互 ping Web1 和 Web2 服务器的心跳地址，确认心跳线连接正常。在单机运行的情况下，重启 Web1 服务器的 heartbeat 服务，正常。使用 crm _ mon 命令查看数据库挂载与启动情况。根据终端提示信息，确定 ping 三区交换机失败。三区交换机有两台，同一型号同一时间调试，从 Web1 服务器上 ping 两台三区交换机，均无法 ping 通。在重启交换机后，网络恢复正常，数据库重新挂载成功。

查看交换机日志，发现交换机（型号：S5700-24TP-SI-AC）不支持日志保存功能，只能查看交换机重启之后的日志，且交换机重启之后无异常日志。经排查，交换机软件为较早版本：S5700V100R005C01SPC100；华为官网提供的最新可以查看日志的软件版本：S5700SIV 200R005C00SPC500。

总结与建议：

建议升级各地调Ⅲ区 D5000 交换机软件版本至最新版本，排除已发现的软件 bug 导致的故障。同时，应该建立网络设备定期版本升级检测机制，确保关键网络设备正常运行。

27. 访问 OMS 系统网页打开过慢

关键词：OMS 系统、服务器异常、风扇

问题与现象：

某日，县调调控人员在使用 OMS 进行交接班的过程中，发现不能访问 OMS 网页。

分析与处理：

OMS 运维项目组登录系统访问正常，逐一检查 Web 服务器，发现其中一台服务器宕机，运维人员检查发现服务器风扇告警如图 1-26 所示，风扇转速明显低于正常水平且声音过大，经查该设备于 2014 年 12 月 31 日投运，已运行近 5 年。

设备运行期间，服务器风扇使用时间过长，超过正常运行周期，CPU 温度过高导致服务器宕机，进而影响 OMS 访问。

总结与建议：

针对服务器风扇告警，处置步骤一般分为以下几点：

（1）检查风扇是否被异物堵塞或被异物缠住，清除干净，风扇恢复正常工作，告警自动消除。

图 1-26 交换机风扇告警

（2）风扇与机柜顶连线问题：风扇不转，更换后仍然不转，检查风扇至机柜连线是否拧紧，若拧紧后风扇恢复正常，告警自动消失。若仍然不转，则相应地更换风扇至机柜顶的连线，风扇恢复正常，告警消失。

（3）电源上风扇不工作，则相应地更换风扇，风扇恢复正常，告警自动消除。

（4）机柜后背板有问题：更换机柜后背板，风扇恢复正常，告警自动消除。

（5）核查机器投运时间，如若超年限运行，则属于正常损耗，更换风扇即可解决。

28. OMS 系统访问无响应

关键词：无响应、负载均衡、并发量

问题与现象：

某日，地调人员登录 OMS 系统时，系统显示异常，只能展示首页，无法登录系统。

分析与处理：

OMS 项目组运维人员登录系统正常，地调人员重启浏览器后登录正常，项目组技术人员进行排查发现其中一台 OMS Web 服务器的 TOMCAT 程序走死，如图 1-27 所示。技术人员根据日志消缺之后重启 TOMCAT，程序访问正常。

地县一体化 OMS 系统采用集中式部署在省调自动化机房，地县调调度人员通过三区专网以浏览器的方式登录系统进行管理工作。省调端共部署 8 台应用服务器，采用“负载均衡”的方式将用户的请求分发到这 8 台服务器，倘若其中一台宕机了，“负载均衡”也会自动将用户的请求分发到剩下访问量最少、性能最优的服务器上，该技术用来提高系统的性能以及可靠性，进而达到最佳化资源使用、最大化吞吐率、最小化响应时间、避免过载的目的。

总结与建议：

随着地县调业务应用的不断提升，OMS 的访问量逐渐上升，但是很多用户在使用 OMS 过程中，会存在“挂机”现象，而倘若此时访问的服务器宕机了，就会出现用户无法访问的问题，此时需要重启浏览器，让“负载均衡”再分配一台服务器供访问。OMS 项目组运维人员定期巡检服务器，发现异常及时消缺，保证每台服务器均可正常访问。另外，建议用户在使用完系统后及时关闭浏览器，减少资源占用，降低服务器压力。

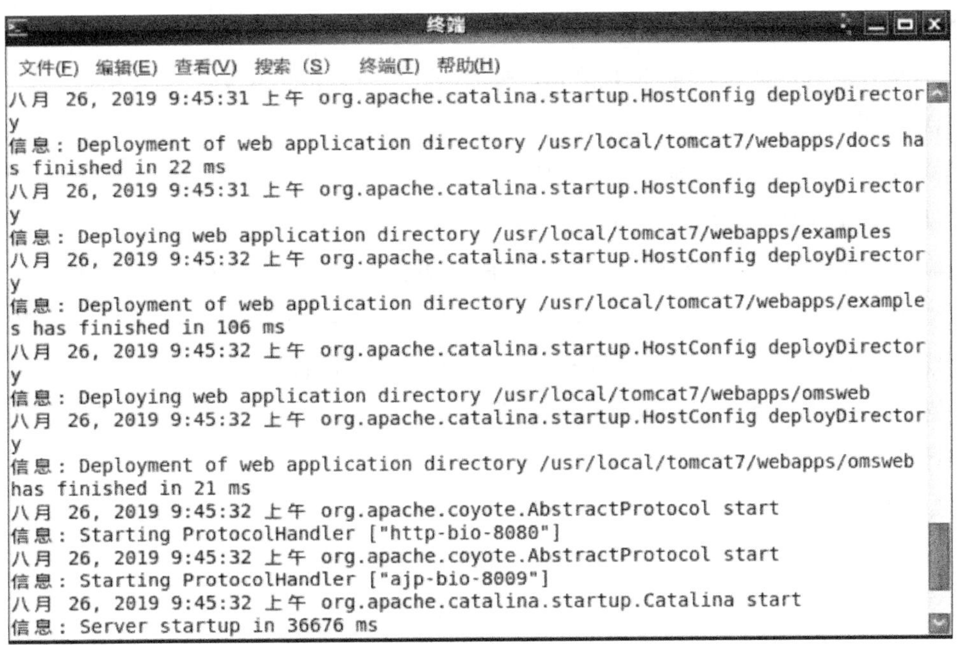

图 1-27　Web 服务器的 TOMCAT 程序走死

29. OMS 系统模块加载时间过长

关键词：OMS、加载缓慢、性能优化

问题与现象：

某日，地调计划管理人员在使用 OMS 系统查询一次设备检修计划时，点开查询页面后一直显示“正在努力加载数据，请稍等……”，如图 1-28 所示，需要等待很长时间页面才能完全打开。

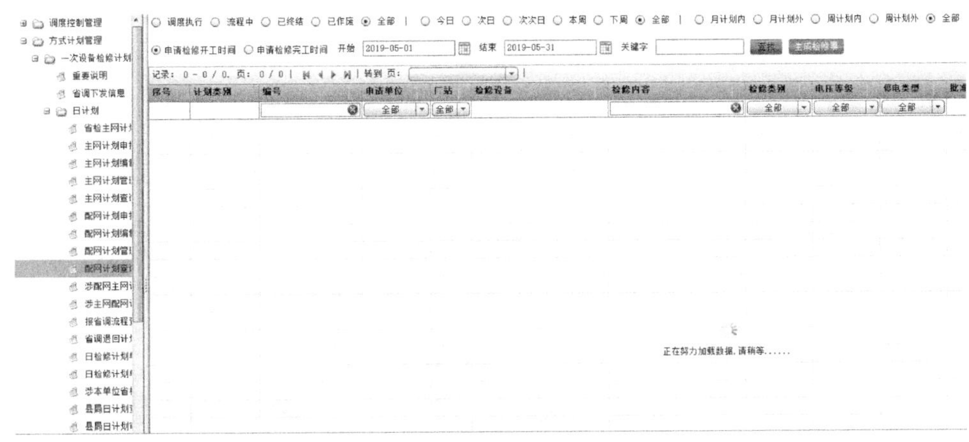

图 1-28　OMS 查询一次设备检修计划

分析与处理：

随着地县一体化业务的不断扩大，地县 OMS 系统数据量与日俱增，特别是调控日志

和检修计划，是对硬件设施，也是对系统代码及数据库的一种考验。OMS项目组技术人员通过优化代码和数据库查询SQL语句，极大提高了系统访问速度。

总结与建议：

用户量增加和历史数据的持续增长是必然的，可通过以下几点对系统进行调优，使系统能够从根本上快速响应用户访问。

（1）提高硬件配置：根据使用量配置较高的服务器设施，保证良好的网络带宽。

（2）代码优化：在不改变程序运行效果的前提下，对被编译的程序进行等价变换，使之能生成更加高效的目标代码。等价的含义是使得变换后的代码运行结果与变换前代码运行结果相同；优化的含义是最终生成的目标代码短（运行时间更短、占用空间更小），时空效率优化。

（3）增加数据库索引：索引是对数据库表中一列或多列的值进行排序的一种结构，使用索引可快速访问数据库表中的特定信息，主要目的是加快检索表中数据，协助信息搜索者尽快找到符合限制条件的记录。有索引和没索引的性能差距有时候会是100倍，大数据量时1000倍都有可能，数据库索引优化到极致了更容易得到运行顺畅的信息展示。

（4）需要进行适当的内存缓存优化策略，不能所有的数据库都依靠SQL数据库的方式把压力放在数据库服务器上，尽量多使用内存的方式处理数据。

1.5 电量计费系统

30. 电量采集数据跳变

关键词：电能表、底码、跳变、平摊

问题与现象：

电量采集主站系统采集到的电能表底码数据异常，时大时小，产生跳变；或底码数据突变置“0”；或采集数据传送过程中漏传形成底码“空值”。

分析与处理：

（1）设备因素造成的数据异常。电量采集主站值班人员在日常数据检查时，发现某块电能表日增量数据异常。

如图1-29所示，该电能表23∶55之前电量增量正常，23∶55突然变为0；24∶00电量突变为一个很大的数。为准确找到异常数据点，对该电能表底码进行查询。

主表 ▾ 所有数据 ▾ 一次增量 ▾ 横向排列 ▾ 隐藏质量标志 ▾

数据时间	正向有功	反向有功	正向无功	反向无功
23:45	6705.6000	0.0000	316.8000	0.0000
23:50	6705.6000	0.0000	316.8000	0.0000
23:55	0.0000	0.0000	0.0000	0.0000
00:00	2332968.0000	0.0000	223344.0000	0.0000

图1-29 电能表数据异常

如图 1-30 所示，该电能表 23：55 底码数值突然变小，24：00 后恢复正常，造成 23：55 和 24：00 电量增量数据异常。为了消除异常底码对电量增量的影响，运用系统程序功能，计算时舍弃异常底码，直接用 23：50 至 24：00 底码将电量增量平摊至 23：55 至 24：00。

主表　所有数据　原始底码　横向排列　隐藏质量标志

数据时间	正向有功	反向有功	正向无功	反向无功
23:45	6047.2571	0.352	2431.9223	102.7386
23:50	6047.2698	0.352	2431.9229	102.7386
23:55	6042.8766	0.352	2431.5015	102.7386
00:00	6047.2951	0.352	2431.9245	102.7386

图 1-30　电能表底码数据异常

如图 1-31 所示，电量平摊后，消除了异常底码造成的电量数据跳变。为了将正常增量和修正后的电量区别开来，便于以后查询，将修正后电量置成蓝色。

主表　所有数据　一次增量　横向排列　隐藏质量标志

数据时间	正向有功	反向有功	正向无功	反向无功
23:45	6705.6000	0.0000	316.8000	0.0000
23:50	6705.6000	0.0000	316.8000	0.0000
23:55	6679.2000	0.0000	422.4000	0.0000
24:00	6679.2000	0.0000	422.4000	0.0000

图 1-31　电能表修正数据

对于类似的底码数据突变置“0”；漏传形成底码“空值”等异常，都可以采取同样的处理方法，计算时舍弃突变为“0”和底码为“空值”的异常底码，用异常底码的前一个正常底码和后一个正常底码平摊出正确电量增量，可以保证整体数据准确、可用。

（2）电能表校验、更换造成的数据异常。电能表在运行一定期限后，需要进行拆除检定校验。在校验过程中，该电能表底码数据会有一定增加。系统值班人员在接到校表通知后，需对增加的这部分异常电量做事件处理，以保证整体数据准确、可靠。

如图 1-32 所示，当校验完成后接入采集系统时，底码有一定增加。

主表　所有数据　一次底码　横向排列　隐藏质量标志

数据时间	正向有功	反向有功	正向无功	反向无功
2019-02-27 17:55	266480068.8000	336753648.0000	1107361780.8000	1686747110.4000
2019-02-27 18:00	266480068.8000	336753648.0000	1107361780.8000	1686747110.4000
2019-02-27 18:05	266702145.6000	336840134.4000	1108717579.2000	1686828686.4000
2019-02-27 18:10	266702145.6000	336840134.4000	1108717579.2000	1686828686.4000

图 1-32　电能表底码数据增加

底码的增加，引起电量增量增加，如图 1-33 所示。这部分电能表校表过程中增加的电量，非实际电能表正常运行时计量的电量，不能作为上网结算的依据，需要在系统中扣除。

主表 ▾ 所有数据 ▾ 一次增量 ▾ 横向排列 ▾ 隐藏质量标志 ▾

数据时间	正向有功	反向有功	正向无功	反向无功
2019-02-27 17:55	0.0000	0.0000	0.0000	0.0000
2019-02-27 18:00	0.0000	0.0000	0.0000	0.0000
2019-02-27 18:05	222076.8000	86486.4000	1355798.4000	81576.0000
2019-02-27 18:10	0.0000	0.0000	0.0000	0.0000

图 1-33　电能表底码数据增加电量

如图 1-34 所示，利用程序校表操作，把这部分多余的电量扣除，将扣除后的电量置为绿色，表示此表在该时刻有校表事件，方便电量结算有疑问时快速查询原因。对于类似的更换电能表操作，也可以采取同样的处置方法，采用不同的颜色，标示出换表事件。这样处理，不仅可以清楚查询出已处理的事件及类型，还保证了整体计量数据准确性。

表 ▾ 所有数据 ▾ 一次增量 ▾ 横向排列 ▾ 隐藏质量标志 ▾

数据时间	正向有功	反向有功	正向无功	反向无功
2019-02-27 17:55	0.0000	0.0000	0.0000	0.0000
2019-02-27 18:00	0.0000	0.0000	0.0000	0.0000
2019-02-27 18:05	0.0000	0.0000	0.0000	0.0000
2019-02-27 18:10	0.0000	0.0000	0.0000	0.0000

图 1-34　程序校表操作扣除增加电量

总结与建议：

电量采集运行过程中，采集数据异常是最常见的缺陷：部分厂站采集器运行程序设备存在 bug；一些型号比较老的进口电能表规约和采集器间通信规约适应性差，造成电量采集数据异常；电能表校验、更换等操作，也会造成电量采集数据异常。

由于数据采集影响因素众多，这些异常数据如不处理，会严重影响计量数据的准确性。对于偶尔出现数据异常的子站，值班人员对数据进行修正即可；对于频繁出现跳变、置“0”、漏传等异常的子站，必须通知采集终端厂家，对采集终端进行处理，以便减少或消除异常数据的出现；对于校验或更换电能表，会在校验或更换过程中产生异常电量数据，这部分电量非实际计量电量，必须从系统中扣除，否则，会增加计量电量，影响上网结算。

为提高调度端电量采集系统数据准确性，提高数据质量，提出以下措施和建议：

（1）完善调度端电量采集主站系统功能，提高系统异常数据报警的准确性、及时性。

（2）加强调度端电量采集主站系统数据梳理工作，发现异常数据，及时处理。频繁出现数据异常的子站，督促相关采集终端厂家及时处理。

（3）规范校验、更换电能表流程，电能表校验、更换接入系统时，及时联系主站系统值班人员。

31. 数据库存储表空间不足

关键词： 电量采集主站、数据库、表空间满

问题与现象：

电量采集主站系统前置采集服务器退出运行，不能正常查询新增电量数据。

分析与处理：

主站系统值班人员日常巡检中发现电量查询历史数据时，不能查询到当前数据；进入程序监视界面发现系统前置采集服务器采集程序离线，如图 1-35 所示，退出运行。

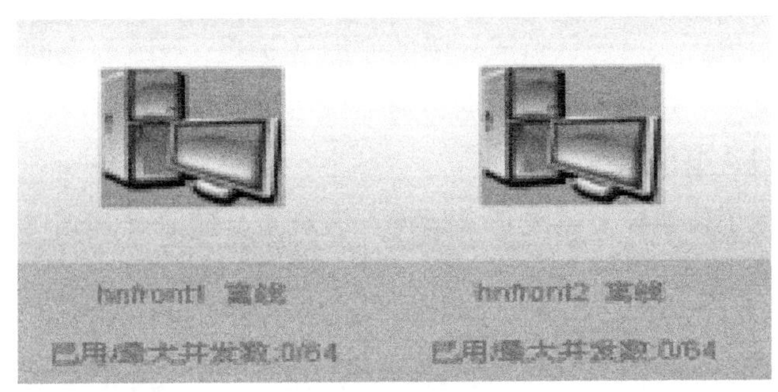

图 1-35　前置采集服务器离线

值班人员立刻对前置服务器进行检查，未发现故障，怀疑采集程序死机，自动退出运行，影响了新增电量数据采集。值班人员重新启动前置采集程序，发现采集程序恢复正常，当前数据可以采集，但数据无法写入历史数据库，如图 1-36 所示，查询界面仍然不能查询到当前数据。根据这种现象，值班员判断造成故障的原因不是前置服务，而是数据库服务。

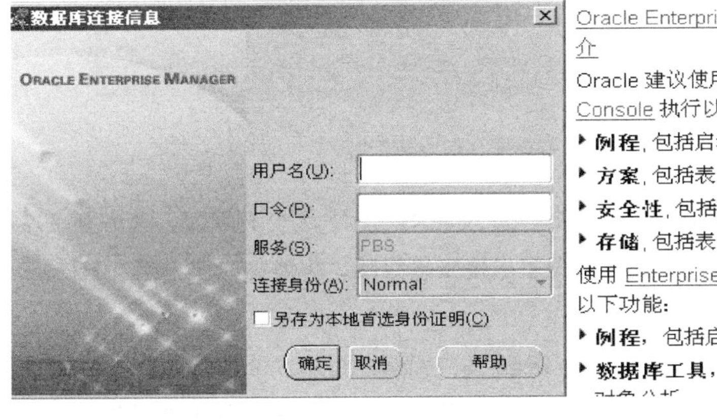

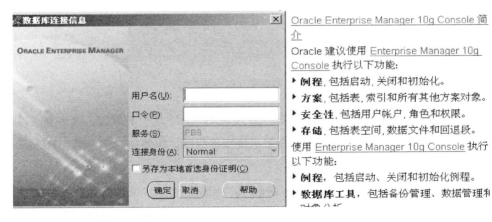

图 1-36　数据库查询界面

值班人员利用 Oracle Enterprise Manager 工具，进入数据库进行检查。检查发现，数据库存储表中 PBS _ HIS 表空间占用率达到 100%，存储空间已满，如图 1-37 所示。

图 1-37　数据库存储表空间已满

根据检查结果，值班人员确认造成故障的原因是 PBS _ HIS 表空间已满，新采集的电量数据无法存入数据库，造成了采集数据长期堆积在前置服务器临时缓存空间，最终使前置采集程序走死离线，退出运行。

找到原因后，为了快速恢复系统正常运行，值班人员随即对 PBS _ HIS 表空间进行了扩充操作，如图 1-38 所示。

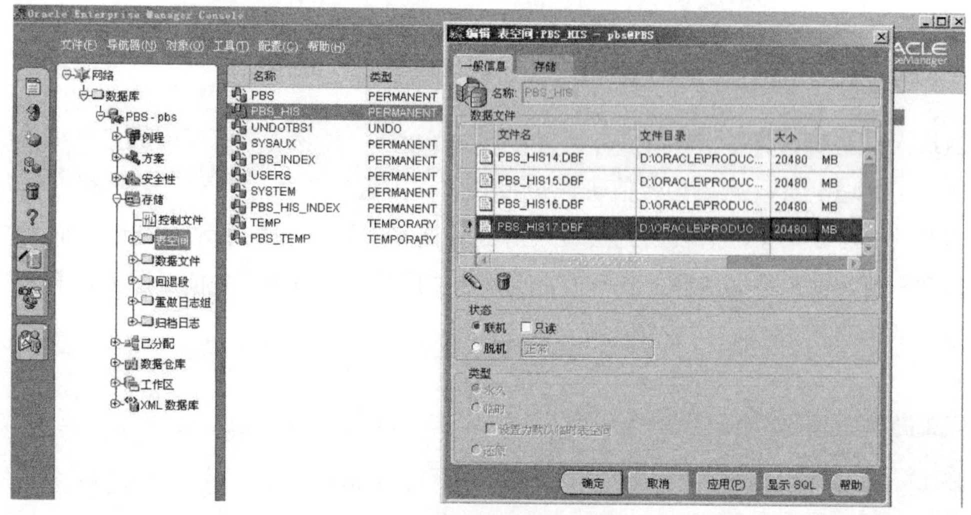

图 1-38　数据库存储表格扩容

利用 Oracle Enterprise Manager 工具，进入 PBS _ HIS 表扩充界面，考虑到一次扩充空间太多，扩充时间较长且风险较大，为了尽快恢复故障，先增加一个 PBS _ HIS17. DBF 存储文件，扩充 20480M 存储空间。

扩充后，PBS _ HIS 表空间占用率下降到 93. 12%，如图 1-39 所示，扩充的表空间已可以满足新增电量数据存储要求。重新启动前置采集程序，系统恢复正常采集，新增电量数据可以正常入库，查询页面恢复正常。为了保证系统可以长期稳定运行，系统恢复正常后先对历史库进行了全盘在线备份，然后对 PBS 和 PBS _ HIS 两个存储表空间进行了在线扩充，使数据占用率下降到 60%以下。

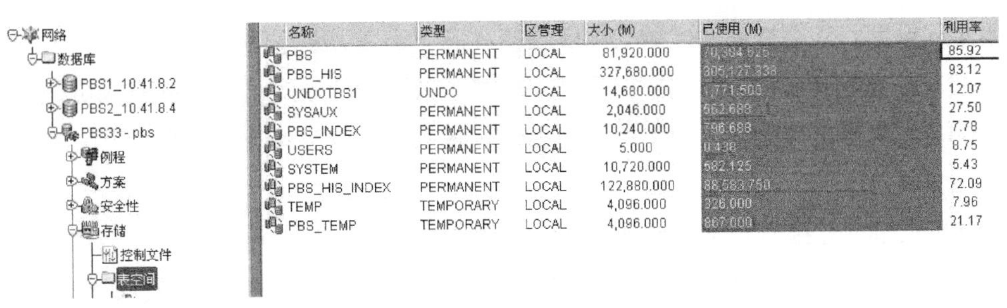

名称	类型	区管理	大小 (M)	已使用 (M)	利用率
PBS	PERMANENT	LOCAL	81,920.000	70,384.825	85.92
PBS_HIS	PERMANENT	LOCAL	327,680.000	305,127.938	93.12
UNDOTBS1	UNDO	LOCAL	14,680.000	1,771.500	12.07
SYSAUX	PERMANENT	LOCAL	2,046.000	562.688	27.50
PBS_INDEX	PERMANENT	LOCAL	10,240.000	796.688	7.78
USERS	PERMANENT	LOCAL	5.000	0.438	8.75
SYSTEM	PERMANENT	LOCAL	10,720.000	582.125	5.43
PBS_HIS_INDEX	PERMANENT	LOCAL	122,880.000	88,583.750	72.09
TEMP	TEMPORARY	LOCAL	4,096.000	326.000	7.96
PBS_TEMP	TEMPORARY	LOCAL	4,096.000	867.000	21.17

图 1-39　扩容后数据库存储表空间

总结与建议：

随着系统运行年限的增加，现场接入的采集终端、计量表计数量大幅增加，电量历史数据量积累越来越多，占用空间越来越庞大。系统建设时设立的表空间已逐渐不能满足使用要求，甚至出现被数据写满的情况，导致新采集的电量数据不能入库，各项系统功能出现异常。如果不能及时的扩充，会严重影响数据采集、查询和发布，影响相关各项工作。

为提高调度端电量采集系统运行稳定性，避免类似问题再次发生，提出以下措施和建议：

（1）完善调度端电量采集主站系统功能，提高系统硬件故障报警的准确性、及时性；

（2）加强调度端电量采集系统值班巡视，若发现系统功能异常，及时检测恢复；

（3）加强对设备的监控，定期对设备硬盘、内存使用情况、存储空间进行检查，若发现空间不足，及时扩充；

（4）在资金允许的情况下，对容量有限的设备进行扩容或改造，减少或消除因设备原因造成的系统运行故障。

32. Ⅱ区、Ⅲ区数据同步延迟较大

关键词：电量计费 Web、数据同步、多线程锁死、事务分裂

问题与现象：

电量计费系统Ⅲ区 Web 查询数据停留在前日，缺少部分数据。Ⅱ区 Web 查询数据采集到当前时间，数据完整，查看Ⅱ区和Ⅲ区的电量数据同步程序运行正常。

分析与处理：

主站系统值班人员日常巡检中发现查询历史数据时Ⅲ区数据停留在前日，缺少部分数据，如图 1-40 所示。Ⅱ区 Web 查询数据采集到当前时间，数据完整。

```
-rw-r--r-- 1 dmdba dinstall 2147483136 2月  21 06:04 ARCHIVE_LOCAL1_20190221052236052_0.log
-rw-r--r-- 1 dmdba dinstall 2147483136 2月  21 06:42 ARCHIVE_LOCAL1_20190221060407476_0.log
-rw-r--r-- 1 dmdba dinstall 2147483136 2月  21 07:23 ARCHIVE_LOCAL1_20190221064210336_0.log
-rw-r--r-- 1 dmdba dinstall 2147483648 2月  21 08:07 ARCHIVE_LOCAL1_20190221072334269_0.log
-rw-r--r-- 1 dmdba dinstall 2147482624 2月  21 08:46 ARCHIVE_LOCAL1_20190221080801195_0.log
-rw-r--r-- 1 dmdba dinstall 2147471872 2月  21 09:30 ARCHIVE_LOCAL1_20190221084645166_0.log
-rw-r--r-- 1 dmdba dinstall 2147483648 2月  21 10:11 ARCHIVE_LOCAL1_20190221093021407_0.log
// hn2-qdldb1:/dbarch/dmarch %
```

图 1-40　Ⅲ区电量数据文件

发现问题后，立刻查看Ⅱ区的数据库归档日志。进入 dbarch/dmarch 目录，发现归档日志正常未缺失，但是归档日志数据量堆积较多，未及时传输到Ⅲ区，值班人员怀疑Ⅱ区至Ⅲ区的数据同步出现问题。为了进一步确认故障原因，值班人员对数据库Ⅱ、Ⅲ区同步程序进行了检查。

进入Ⅱ区同步传输程序 bin 目录，执行 ./dmhs _ serverd status 命令，查看 DMHS 数据库Ⅱ区同步程序，发现数据同步传输服务正常，如图 1-41 所示，Ⅱ区数据库处理事务正常。

```
// hn2-qdldb1:/home/dmdba/dm/dmhs/bin %
// hn2-qdldb1:/home/dmdba/dm/dmhs/bin %
// hn2-qdldb1:/home/dmdba/dm/dmhs/bin %
// hn2-qdldb1:/home/dmdba/dm/dmhs/bin %
// hn2-qdldb1:/home/dmdba/dm/dmhs/bin %
// hn2-qdldb1:/home/dmdba/dm/dmhs/bin %
// hn2-qdldb1:/home/dmdba/dm/dmhs/bin %
// hn2-qdldb1:/home/dmdba/dm/dmhs/bin % ./dmhs_serverd status
dmhs_serverd (pid 30581) is running...
// hn2-qdldb1:/home/dmdba/dm/dmhs/bin %
```

图 1-41　数据库Ⅱ区同步程序运行状态

进入Ⅲ区同步接收程序 bin 目录，执行 ./dmhs _ serverd status 命令，查看 DMHS 数据库Ⅲ区同步程序，如图 1-42 所示，发现数据同步接收服务正常，Ⅲ区数据库处理事务正常。

```
[root@hn3-qdldb2 bin]#
[root@hn3-qdldb2 bin]# ./dmhs_serverd status
dmhs_serverd (pid 1529) is running...
[root@hn3-qdldb2 bin]#
```

图 1-42　数据库Ⅲ区同步程序运行状态

```
线程号：63
状　态：锁死
站点号：0
等　待：0
事务数：0
操作数：0

线程号：64
状　态：锁死
站点号：0
等　待：0
事务数：0
操作数：0
```

图 1-43　程序线程锁死状态

根据这种现象，值班人员判断并不是同步服务异常造成的数据堆积，传输效率降低。为了准确定位故障原因，值班人员立刻通知 DMHS 数据库厂家现场配合检查。厂家到现场后，配合值班人员对同步程序控制台线程的工作状态进行了查询，发现已开启的 64 个线程只有少量的线程在忙碌状态，大部分线程都是锁死状态，如图 1-43 所示，等待其他线程的任务结束，数据处理速度非常慢。

根据这种现象，判断故障原因是历史数据进行大量操作时，短时产生的事务量巨大，瞬时将进程占满；而 DMHS 同步程序配置时没有启用分裂功能，当各事务之间互相关联时，默认事务传输时要按照一定顺序，某些相关事务只能等其前一事务处理完成后才能开始传输，造成了很多事务占着进程却不处理，一直在排队等待状态，造成了大量进程锁死，严重影响了数据传输效率。

根据DM数据同步服务程序配置文档说明，EXEC模块已收到事务提交消息时，有两种方式把该事务交给工作线程：一种是增加Trx _ split参数，启用事务分裂功能；另一种默认为不启用。不启用分裂功能，可以保证事务一致性，但同步性能较低，适用于系统规模较小、数据量不大的系统。启用分裂功能，可以把事务中的操作按每个操作时的表进行拆分，拆分成 *N* 个表，拆分后的表中，表与表之间是无序的，可以同时传输，无需等待，从而提升同步性能，但这种方式在同步异常中止时无法保证事务的一致性。

考虑到调度端电量采集系统接入数据量日益庞大，不启用分裂功能已不能满足同步需求。同步异常中止造成的事务不一致也可以通过异常恢复后重新传输保持一致，对同步程序进行重配置，增加trx _ split参数。

进入Ⅱ区同步传输程序bin目录，执行vi dmhs. xml，如图1-44所示，对配置文件dmhs. xml进行编辑，增加trx _ split参数，启用传输分裂功能。重启DMHS同步程序，数据同步效率显著提高。

```
<exec>
   <recv>
       <data_port>5346</data_port>
   </recv>
      <db_type>DM7</db_type>
      <db_server>127.0.0.1</db_server>
      <db_user>SYSDBA</db_user>
      <db_pwd>SYSdba</db_pwd>
      <db_port>5236</db_port>
      <level>0</level>
              <exec_mode>1</exec_mode>
      <exec_thr>64</exec_thr>
      <exec_sql>1024</exec_sql>
      <exec_trx>5000</exec_trx>
      <exec_rows>1000</exec_rows>
      <case_sensitive>1</case_sensitive>
      <exec_policy>0</exec_policy>
      <toggle_case>0</toggle_case>
      <commit_policy>1</commit_policy>
      <enable_merge>1</enable_merge>
      <check_key>0</check_key>
      <trxid_tables>4</trxid_tables>
      <trx_split>1</trx_split>
  </exec>
```

图1-44 dmhs. xml

总结与建议：

系统投运以来，Ⅱ区数据匀速增长，数据同步速度能够满足数据库归档速度，Ⅱ区、Ⅲ区数据基本保持一致，事务分裂功能不启用不影响数据同步速度。当对电量计费系统Ⅱ区数据进行检查核对时，进行了大量的重处理、数据检查修改和数据统计操作，Ⅱ区的数据库归档日志突然增大，Ⅱ区、Ⅲ区的数据库归档日志同步效率降低，Ⅱ区的数据库归档日志产生速度大于Ⅲ区数据同步处理速度，导致Ⅲ区的数据与Ⅱ区的数据延迟越来越大。通过将Ⅲ区的数据库处理事务分裂功能启用，数据同步处理速度明显加快，Ⅲ区的数据很快追上Ⅱ区的数据。目前，Ⅱ区、Ⅲ区数据基本保持一致。

为提高调度端电量采集系统运行稳定性，避免类似问题再次发生，提出以下措施和建议：

（1）完善调度端电量采集系统功能，持续进行数据库优化，加强数据库同步监视；

（2）加强调度端电量采集系统值班巡视制度，若发现系统功能异常，及时检测恢复；

（3）启用数据同步传输分裂功能，提高同步效率。

1.6 主站其他系统（DSA、电力市场、负荷预测等）

33. 联合计算报告暂稳最低频率振荡发散

关键词：DSA、振荡发散、状态估计

问题与现象：

某日联合计算报告中，XTⅠ回线首端三永故障暂态过程结束后，最低频率呈振荡发散趋势，如图1-45所示。

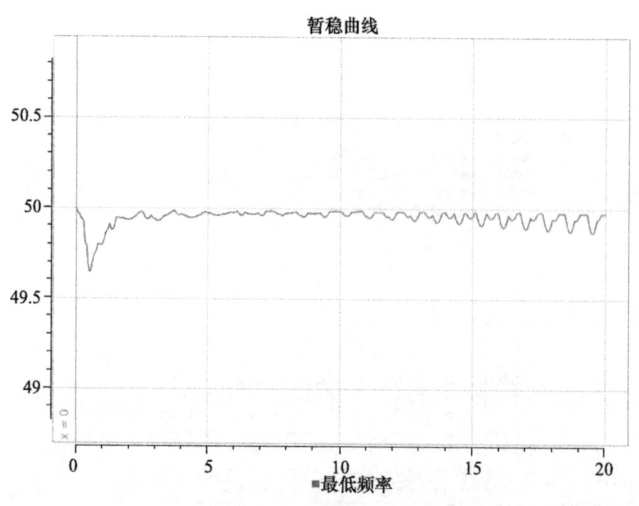

图1-45 XTⅠ回线最低频率振荡发散

分析与处理：

经过对联合计算中的暂稳计算分析，发现使用的QS文件中存在大量的模型错误“nan”字符，并且检查不同时段的前两日QS文件中同样出现类似的模型错误问题，如图1-46所示。

同时，对比TZ直流与JQ直流数据，发现JQ直流缺少部分参数，如图1-47所示。

使用同一数据，选取两华区域外的DFⅡ回线、BQⅠ线进行暂稳故障计算，计算结果如图1-48、图1-49所示，暂稳最低频率曲线也出现疑似问题。

经过详细查找和数据分析发现这三日JQ直流模型进行了更新，更新过程中数据的不完整性会影响到状态估计结果，导致暂稳计算中频率稳定后又出现小幅振荡的问题。

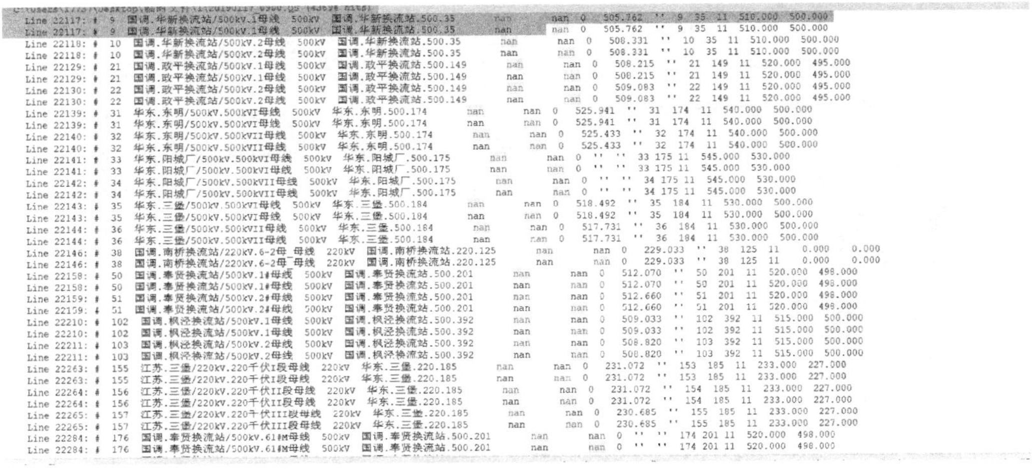

图 1-46　QS 文件模型错误

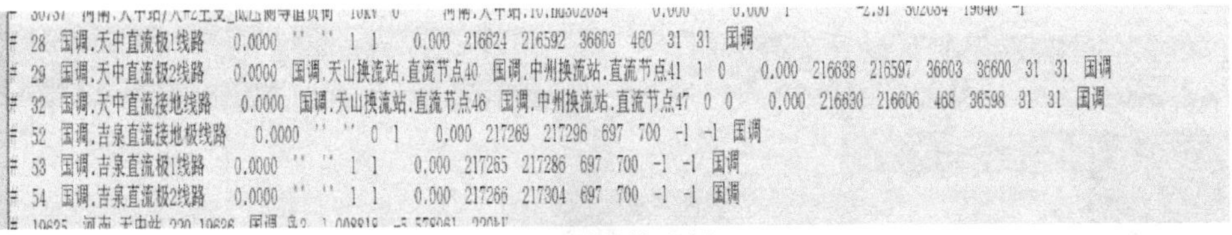

(a) TZ直流模型对比

(b) JQ直流模型缺少参数

图 1-47　TZ 直流与 JQ 直流模型对比

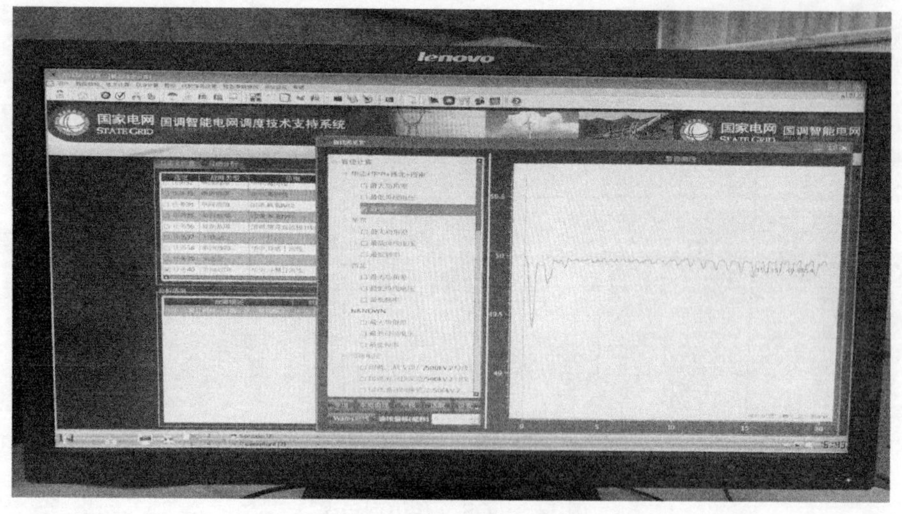

图 1-48 HZ. DF Ⅱ回线三永最低频率

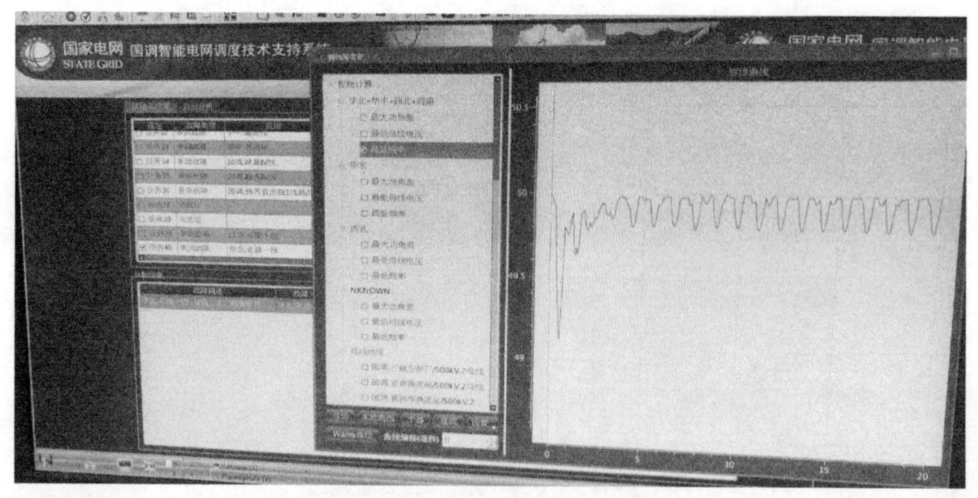

图 1-49 HB. BQⅠ线三永最低频率

把数据问题反馈到状态估计厂家后，状态估计厂家重新拼接 JQ 直流模型，并且完善数据模型，经过整改后状态估计文件没有出现模型问题，经过再次计算检查发现没有发生最低频率小幅振荡问题，确认该问题已解决。

总结与建议：

状态估计模型是 DSA 计算的基础，在模型拼接时，应该密切注意 DSA 导入模型的完整性。

34. 刀片机故障导致计算任务缺失

关键词：DSA、刀片机故障、任务缺失

问题与现象：

实时态 DSA 在线并行计算平台暂态稳定计算任务监视柱状图未 100％完成。

分析与处理：

检查发现暂稳计算 hn-cal2 刀片机硬件故障导致计算任务缺失，柱状图未 100%运行。

执行操作步骤如下：

(1) 停止平台计算，把 LocalTask _ hn-cal2. conf 中的计算任务添加到 LocalTask _ hn-cal15. conf 任务中并下发到整个集群，同时删除文件 LocalTask _ hn-cal2. conf。

(2) 登录调度机，在家目录/conf 下 HostTask. conf 文件中删除刀片机 hn-cal2 所在行，下发到各节点。

(3) 调度机家目录/conf 下 pdsa _ mw. conf 文件中删除 hn-cal2 所在行，该文件不需要下发。

(4) 在调度机家目录/conf 下 RTStatus. QS 文件的各个表中删除 hn-cal41 所在的各行，然后复制 RTStatus. QS 文件到网关机 dsa@hn-pdsacom1:~/conf 下。

(5) 启动平台即可完成某个刀片机故障后，计算任务恢复，人机界面柱状图 100%运行的问题。

总结与建议：

针对刀片机运行程序，当某一刀片机故障时，可停止该刀片机任务，继续完成刀片机群的计算任务。

35. 研究态程序读取数据过程中程序闪退

关键词： DSA、操作系统升级、程序闪退

问题与现象：

操作系统升级 sshd、shell 的服务版本，更新了各工作站动态链接库，导致研究态程序启动后读取数据过程中程序闪退。

分析与处理：

使用排除法逐个查找，首先把以前读取文件后可以正常计算的 QS 文件导入测试发现读取失败，可以排除 QS 文件的数据问题。然后更新 GD 下离线库文件，重新读取正常计算的 QS 文件计算，发现闪退问题依然存在。最后检查程序本身是否因程序动态库文件被破坏而导致闪退。

首先执行 ldd psaexplore，发现全部库关联正确，没有缺库问题，如图 1-50 所示。

```
// hn-dk11:/home/d5000/henan/psaexplore/bin % ldd psaexplore
```

图 1-50 检查库关联性

然后检查每个库文件是否指向了正确的位置，如图 1-51 所示。

```
        libfilecommon.so => /home/d5000/henan/lib/libfilecommon.so (0x00002b11e2598000)
// hn-dk11:/home/d5000/henan/psaexplore/bin % ls -rlt /home/d5000/henan/lib/libfilecommon.so
-rwxrwxr-x 1 d5000 d5000 587415 2012-12-24 /home/d5000/henan/lib/libfilecommon.so
```

图 1-51 库文件检查

经过检查发现如下两个库文件关联到了备份库 _ bak，如图 1-52 所示。

```
3:lrwxrwxrwx 1 root root 23 04-08 10:44 /home/d5000/henan/psaexplore/lib64/libLS2Grid.so.1 -> libLS2Grid.so.1.1.1_bak
6:lrwxrwxrwx 1 root root 21 04-08 10:44 /home/d5000/henan/psaexplore/lib64/libQS2Grid.so.1 -> libQS2Grid.so.1.1.1_bak
```

图 1-52 库文件关联错误

发现程序动态库关联到备份库文件，找到相应目录，删除备份库文件，如图 1-53 所示。

```
// hn-dk11:/home/d5000/henan/psaexplore/lib64 % rm libLS2Grid.so.1.1.1_bak libQS2Grid.so.1.1.1_bak
```

图 1-53 删除备份库库文件

重新建立软连接。

ln-s libLS2Grid. so. 1. 1. 1　libLS2Grid. so. 1

ln-s libQS2Grid. so. 1. 1. 1　libQS2Grid. so. 1

登录到 root 用户，重新执行 ldconfig 即可解决程序闪退问题。

总结与建议：

由于程序读取数据过程中，QS 文件损坏后也会出现程序闪退文件，此次问题解决只针对操作系统厂家更新系统库文件后出现的问题，如果发现研究态系统库文件目录/home/d5000/henan/psaexplore/lib64 还存在带有 bk 的库文件，为了避免出现此类问题，可以提前删除该文件，以免出现问题从而影响系统使用。

36. 网络因素故障导致系统运行异常

关键词：网络、守护进程、监测、告警

问题与现象：

调度计划指令下发异常，电厂显示按日发电计划指令正常跟随。

分析与处理：

如图 1-54 所示，检查系统日志文件发现：故障发生期间多台服务器发生了网络异常，导致实时计划分发程序出现异常，调度计划指令下发异常。

```
java.io.IOException
        at agency.message.base.BufferTool.read(Unknown Source)
        at agency.message.middledata.receive.DataReceiveMessage.readData(Unknown Source)
        at agency.message.base.servicebus.RequestSyncServiceBus.sendAndReceive(Unknown Source)
        at agency.message.middledata.RandomData.oodbReadTbMa(Unknown Source)
        at agency.message.middledata.RandomData.ReadTbMa(Unknown Source)
        at support.DataClient.RTDBRead(Unknown Source)
        at com.qctc.support.DataClient.RTDBRead(DataClient.java:22)
        at com.qctc.data.ScadaData.ZjMeasure(ScadaData.java:512)
        at com.qctc.data.RealTimeScadaData.run(RealTimeScadaData.java:35)
人机同步请求总线middata服务发生了IO异常！
middata尝试重定位！
java.io.IOException: 建立SOCKETINFO:41.10.64.9 10003失败
        at agency.message.base.socket.SocketManager.getNewSocket(Unknown Source)
```

图 1-54 系统日志文件

通过分析，网络发生异常导致实时计划分发程序出现异常，并且未能自动恢复，守护进程未及时监测到异常情况并自动重启服务，导致本次运行故障发生。

通过加强外围环境因素导致系统运行异常的管控措施、完善实时调度计划分发程序守护进程异常识别机制、增加日志刷新监测机制，日志文件超过 5min 不刷新或报错（正常频率为 1min）判断为程序异常，由守护进程自动重启后台计算程序如图 1-55 所示，防止进程出现异常时不能及时自动重启；增加计划指令下发异常时弹窗提醒功能，如图 1-56 所示，该问题得到解决。

```
3:07] 监测程序开始启动.......!
3:08] ops_rt_autocompute_v2_henan.jar 线程正在运行！开始校验日志打印信息
3:08] ops_rt_autocompute_v2_henan.jar 线程运行日志打印正常！
3:09] ops_auto_gddd.jar 线程正在运行！开始校验日志打印信息
3:10] ops_auto_gddd.jar 线程运行日志打印正常！
```

图 1-55 守护进程重启后台计算程序

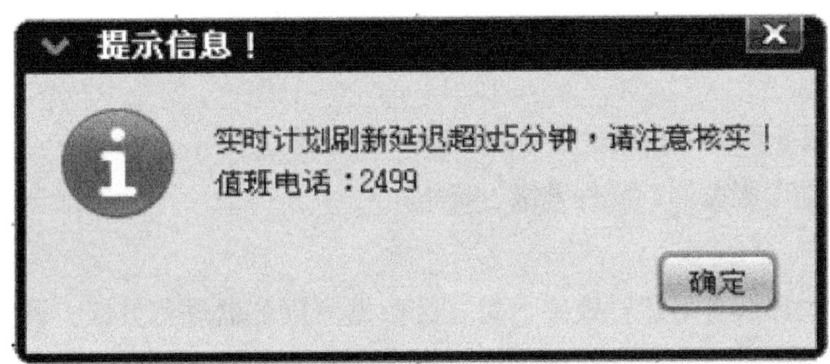

图 1-56 计划指令异常弹窗

总结与建议：

加强网络等系统外围环境状态巡视，防止由于外围环境波动导致系统故障的发生；完善各系统服务的自动守护机制，增加系统冗余保护机制。

37. 日内数据上报模型缺失问题

关键词： 模型缺失、日内数据、上报

问题与现象：

日内数据上报系统设备模型因电网系统新增设备模型后，置为人工管理模型模式，导致新增设备模型存在一定的滞后性，导致上报模型缺失问题。

分析与处理：

日内数据上报系统模型数据为人工管理模式，存在滞后性，不能及时跟踪电网系统设备模型的情况。

通过解析全模型 CIM 文件定时程序，定时将全模型 CIM 文件推送到日内数据上报系统，通过每日定时解析，实现新增设备的自动识别、自动上报。每次解析模型新增设

备时发送短信提醒通知，如图 1-57 所示，解决了新增设备模型后存在上报模型缺失的问题。

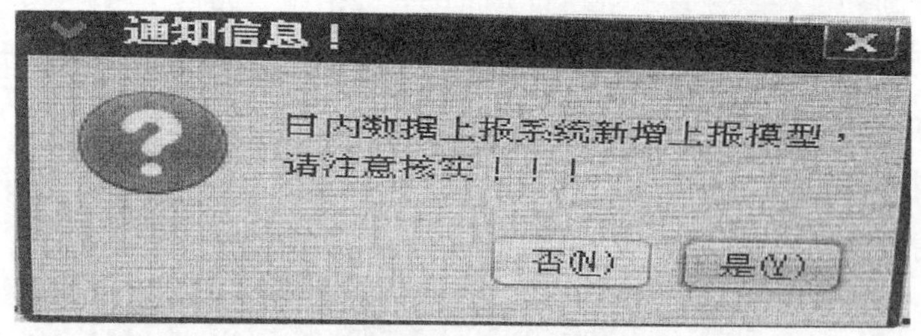

图 1-57 模型新增弹窗告警

总结与建议：

模型更新应尽量减少人为操作的参与，实现系统自动识别匹配才能确保模型数据的精准性。

1.7 数据库

38. 数据库服务器硬件升级过程中数据库异常问题

关键词：数据库服务器、硬件升级、异常

问题与现象：

为了提升数据库服务器运行效率，对三区数据库服务器进行升级，硬盘由 raid1 升级为 raid1+1，容量增加 300G，内存由 64G 升级为 128G。硬盘、内存升级以后，数据库服务器主备机均可以正常运行，系统运行正常。在对新增加的硬盘容量扩展至 dmdb 分区，重启服务器后，数据库服务器主备机均无法正常挂载磁盘阵列，导致数据库服务无法正常运行，三区 OMS 系统无法正常登录使用。

分析与处理：

数据库服务器升级工作依次进行了如下工作：停止主备机的数据库服务；对主备机硬盘和内存进行扩展；重启测试数据库服务是否正常；对新增加的硬盘容量扩展至 dmdb 分区；重启测试数据库服务器无法挂载磁盘阵列。

故障问题重点为数据库服务器无法挂载磁盘阵列。首先针对磁盘阵列进行检查，没有发现异常情况。之后着重对数据库服务器日志进行分析，日志文件报错信息提示磁盘阵列数据块损坏。

通过与厂家多方沟通，重启修改配置均无法解决。在厂家的建议下，准备通过 fs-check 命令对磁盘阵列进行检查修复，解决数据库损坏问题。经过 30min 的检查修复，综合判断检查修复时间需要 5h。

首先保持磁盘阵列的检查修复工作，安排厂家做好报表信息上报工作，保证考核数据

的正常上报。同时，厂家创建临时环境，通过备份文件恢复数据库信息，确保主要功能的正常使用。

5：10 磁盘阵列的检查修复工作结束，开始恢复工作。首先完成数据库服务器挂载磁盘阵列分区，启动数据库，重启 OMS 应用，OMS 系统功能恢复正常，数据正常。随后数据实时同步正常。

总结与建议：

定期开展服务器的重启工作，及时发现问题并消缺。同时，根据对磁盘阵列采取双冗余存储，提高数据保障性。

硬件设备老化，目前已经处于故障高发期，建议对主要服务器硬件进行更新换代。

39. 数据库序列总数越限影响业务运行

关键词：数据库、序列值、越限

问题与现象：

某日凌晨，某省调调度计划及安全校核系统业务异常，电厂反映无法上报电量、煤报等数据。

分析与处理：

（1）经检查系统可以正常登录，计划曲线等正常，但无法上报电量、煤报等数据。

（2）检查系统日志发现有“序列总数超过系统限制”错误信息，该错误信息为数据库序列值达到预设上限所致。

（3）对该序列值上限进行扩容后（原上限为 999 999，扩容为 99 999 999）系统业务恢复，电厂可以正常上报电量、煤报等数据。

总结与建议：

（1）数据库作为应用系统的数据存储与管理平台，是保障应用系统正常运行的基础。建议系统运维单位与数据库厂商沟通，协调厂商提供数据库容量上限值的参数设置清单，便于有针对性开展预防监控或提出参数调优扩容建议。

（2）调整系统告警策略，优化越限告警阈值。在越限前发出告警信息，便于运维人员及时进行扩容。

40. 数据库 core 问题

问题与现象：

三区数据库为解决分组查询时消除重复值的问题，某日晚更新了数据库版本，次日凌晨三区数据库出现了服务 core 掉的现象。

分析与处理：

通过查看数据库 core 文件堆栈信息及数据库运行服务日志，在执行 call "HNOMS". "REPORT". "P_GD96PRB_DAY"（'2014-06-16'）时，执行到一定数据后达梦服务器就会 core。

经过分析 core 文件发现，使用 exec immediate 执行如下 SQL 语句就会 core 掉。

declare

vsqlvarchar（2000）；

begin

vsql：='select round（val，4）from（select round（sum（a. wgelecq *（1-b. xs）），3）val from dlsc. TB _ SBFH _ BID _ PLANTELECQ a，（select plantid，sum（to _ number（selfuse））/count（selfuse）xs from dlsc. tb _ bas _ unit group by plantid）b where a. PDATE＞＝to _ date（'' 2014-06-16 ''，'' yyyy-mm-dd ''）and a. PDATE＜to _ date（" 2014-06-16 "，" yyyy-mm-dd"）＋1 and a. plantid＝b. plantid and a. plantid not in（" 0097 "，" 0072 "，" 0010"，" 0094 "，" 0011 "，" 0059 "，" 0096 "））'；

exec immediate vsql；

end；

这里的原因有两个阶段：

（1）使用 round 函数查询的子查询生成一个包含 val 的虚拟表，字段的类型为 dec（38，3），经过 round 进行标度拓展为 4，会拓展为 dec（39，4）从而导致精度超长的异常。

（2）xexe _ exec _ parse 调用 opt _ main 进行语义分析与优化，opt _ main 除了语句类型不支持的会调用 opt _ report _ error 对 opt _ para. error 进行内存分配与初始化之外，对应其他的错误仅返回错误码，而 xexe _ exec _ parse 在此时直接访问 opt _ para. error 会导致空指针访问错误。

为了保证三区数据库保持较好的运行状态，回退了数据库版本，并针对数据精度超长的异常，更改了此问题。

对于标度拓展，如果精度已经达到最大精度 38，不再进行精度拓展，仅进行标度拓展，也就是 dec（38，3）直接拓展为 dec（38，4）。

对于 xexe _ exec _ parse，如果 opt _ para. error 为空，则调用 opt _ report _ error 处理错误码，保证内存已经分配并初始化，完成此问题的消缺。

总结与建议：

更新版本时要考虑周全，特别是一些参数配置的变化，把控风险，将风险降到最低，否则难以保证系统正常稳定运行。

41. 数据库宕机、磁盘坏道

问题与现象：

三区数据库于某日发生宕机。

分析与处理：

操作系统厂家到场重启 HA，重启数据库服务恢复正常，查看日志发现磁盘 dbbak 分区有坏道，联系技术人员对盘阵进行检测。

技术人员到达现场对三区数据库盘阵进行检测，检测打分结果有一块硬盘 5 分、5 块硬盘 60 分左右，打分结果反馈给研发人员，研发人员建议对这 6 块硬盘进行更换，更换完毕后，厂家对数据库服务器 dbbak 分区进行修复并重新挂载，数据库服务运行正常。

总结与建议：

现 OMS 已建立日巡检、周巡检、月巡检及年巡检机制，对系统软硬件进行常规巡视，有效规避了因硬件损坏导致的 OMS 服务无法访问的问题。

42. 数据库宕机问题

关键词：数据库、宕机、实时监测

问题与现象：

调度计划及安全校核系统应用数据库无法连接，且不能自主切换至备用数据库，导致调度计划及安全校核系统无法正常使用。

分析与处理：

问题发生后，检查发现数据库无法正常连接，联系数据库厂家进行电话指导操作处理，并将日志文件下载传回。数据库重启后系统恢复正常。根据返回日志分析，数据库服务器在故障期间，CPU 使用率达到 100%，且磁盘 IO 占用率较高，导致数据库出现不响应、假死状态，因未达到主备机切换的条件，所以不能自主切换至备用数据库。

（1）服务器 CPU 曲线图。如图 1-58 分析显示，数据库服务器在 00：00～01：46 左右，系统 CPU 使用率一直处于接近 100%的高负载情况，异常于一般 CPU 值。

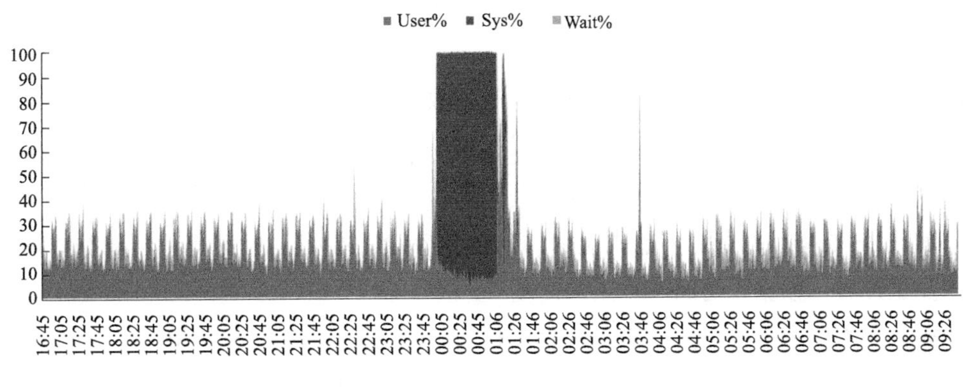

图 1-58 服务器 CPU 曲线图

（2）服务器内存曲线图。如图 1-59 分析显示，数据库服务器在 00：00～01：30 左右，内存使用率开始升高。

（3）磁盘阵列读写 IO　CPU 繁忙百分比。如图 1-60 分析显示，磁盘读写 IO 在 00：00～01：30 前后，读写性能下降较高，读和写 IO 均低于平均正常值。

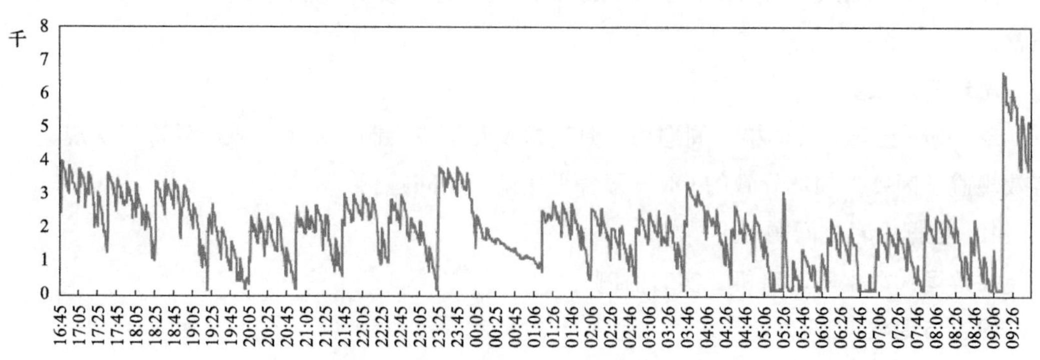

图 1-59　服务器内存曲线图

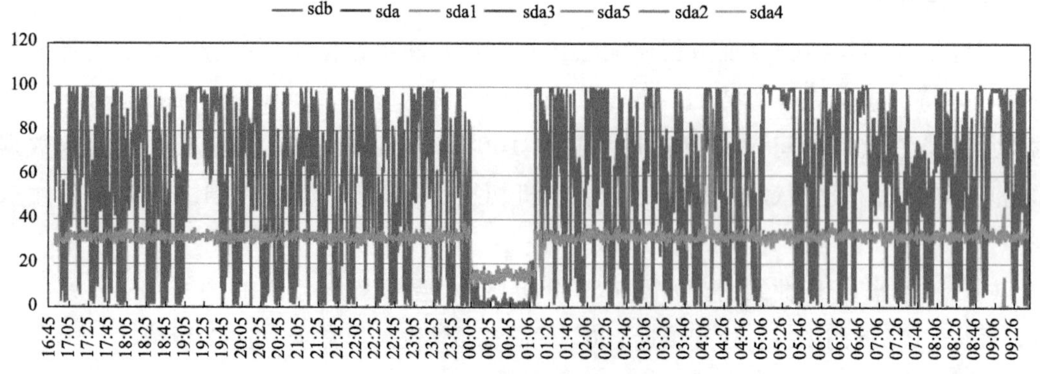

图 1-60　磁盘列阵读写 IO CPU 繁忙百分比

以上看出，在凌晨 00：00～02：00 区间，数据库服务器 CPU 和内存处于高负载状态，磁盘阵列读写 IO 性能急剧下降。二区数据库 CPU、内存、线程等资源处于非正常值，二区数据库磁盘数据文件读写速度严重下降，导致数据库读写数据文件刷盘变慢，数据库 SQL 执行效率严重下降，造成应用访问数据库读写数据延迟等待。当数据库服务器状态恢复正常后，数据库访问恢复正常速度。

依据数据库厂家筛选出的可能对数据库运行造成较大影响的 SQL 语句，由系统软件厂家对相关语句的结构和执行方法进行优化调整，减轻数据库压力。对非实时数据进行缓存存储，以减少对数据库的访问次数，对实时数据的查询尽量进行单表查询，以减少多表查询对数据库造成的压力，大量的业务逻辑用程序进行处理，不通过 SQL 语句实现逻辑处理功能。同时，依据数据库厂家提供的数据库运行状态的参数及标准，设计相应的监测及告警功能，做到早发现早处理。

总结与建议：

（1）应对数据库运行关键参数做到实时监测告警，做到早发现早处理。

（2）在考虑数据库性能的基础上，优化 SQL 的事务处理，减轻数据运行压力。

第2章　厂　站　端

2.1　远动设备

43. 远动机主备切换、通道切换导致全站数据异常

关键词：远动机、数据异常、切机

问题与现象：

某500kV电压等级B厂站在远动机主备切换、通道切换过程中，B厂站220kV母线间隔断路器、东刀、西刀、西接地开关现场位置为分位，但上送调度端系统中位置为合位。

分析与处理：

如图2-1所示，经检查B站上级调度接入网通道（主通道）遥信位置为合位，调度端接入网通道（备通道）遥信位置为分位。初步分析省现场有一台远动机数据采集异常，事发时上级调度接入网通道与有问题的远动机通信，调度端接入网与正常的远动机通信，所以两个通道数据不一致。为解决此问题，可采用临时措施，即把上级调度接入网通道中有问题的远动机IP删除，强制与正常的远动机通信，同时切换调度端接入网通道为主通道。

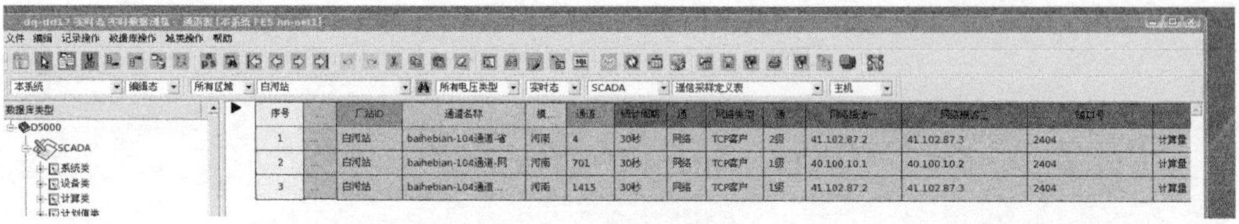

图2-1　厂站通道表

经厂家分析，B站南220测控装置与一台远动机通信异常，导致该远动机上送数据异常。正常情况下，测控装置与远动机是双网通信，当A网中断时，远动机应能自动切换至B网，本次远动机配置出现问题，未能自动切换，经厂家修改配置，故障消除。

总结与建议：

全站数据异常，会影响调度员、监控员对变电站的监视，影响重要断面数据，影响状态估计、母线平衡指标。对于类似多次出现单通道数据异常的厂站，短时间内无法解决的，建议通过调整通道优先级，将问题通道优先级调低，屏蔽该通道，以免频繁造成数据异常。另外，要求在厂站处理过程需要切换通道的情况下，联系调度端运行值班人员进行

封锁，防止通道切换引发的数据异常问题。

44. 主备远动系统电源故障导致双机通信故障

关键词：厂站端、远动系统、电源问题、通信中断

问题与现象：

某电厂的两套远动系统一主一备运行，已经投运 5 年。某日，远动主机 B 的省调平面故障。检查时发现，两台远动机的故障灯（FAIL）均亮起，各采集模块报警红灯亮起。对远动机进行切换却不成功；对设备断电进行处理后，远动机 A 仍未能正常启动（远动机 A 的 run 灯常亮时，运行不正常）。

分析与处理：

如图 2-2 所示，检查发现，远动主机 B 的电源开关积灰严重，属于接触不良，导致远动主机失电。

图 2-2　远动主机电源积灰

当主机 B 失电后，切换到主机 A，对应冷备模式的远动主机需要重新热启动，此时远动主机 A 的主板电池电压低至 1V 左右（电池电压应该为 3.6V）。此电池的作用是保持内部可擦除内存的参数，一旦没有电池，主机电源重启时就无法正常启动。

主机 A 程序无法正常运行，主机会自动切换到主机 B，但此时主机 B 启动未完成，时间比较短，所以此时两个主机均不能正常工作，重启主机 B 则正常工作。

总结与建议：

（1）对于含有主板电池的远动系统，要定期检测电池状态，若电压不满足要求或运行时间较长，则及时更换；

（2）定期对远动主机的电源开关板进行清理；

（3）对于主备配置的远动主机，备机长期离线，易发生故障失去备用作用，建议进行双主运行改造；

（4）设备的主机电源及辅助电源要进行冗余配置或改造；

（5）建议电厂加强对远动设备的运行维护及设备的管控，对于老旧设备进行升级改造

或者更换。

45. 两台远动机参数不一致导致遥信异常变位和遥测跳零

关键词：厂站端、远动机参数、遥信异常变位、遥测数据跳零

问题与现象：

某 220kV 变压器于 2014 年 7 月投入运行，现场变电站综自监控系统使用型号为某电气 CJK-8506B-UNIX 系统，远动装置型号为 WYD-811，远动是基于 Linux 的 Debian 系统。某日 22：40 全站遥测数据跳零，遥信异常变位，后再次发生同样情况，截图如图 2-3 所示。

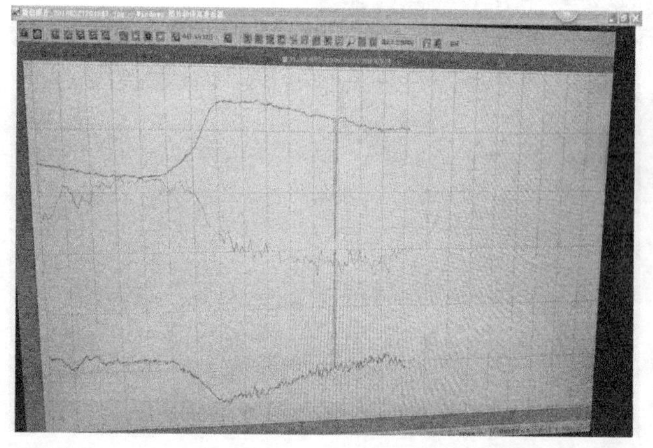

图 2-3 遥测数据跳零、遥信异常变位

分析与处理：

经检查，变位信号是在信号总召唤时发现与之前信号不一致时报出的。总召唤有定时总召唤、切换通道总召唤、重启总召唤等。根据信号变化情况和远动机重启记录发现，发生遥信异常变位和遥测跳零时，存在两台远动机通道切换过程，因此判断此异常的原因为厂站端两台远动机数据不一致，在厂站端两台远动机通道切换时，引起调度端读取的数据发生变化。进一步分析两台远动机的参数配置发现，两者上传调度的遥信点表存在序号错误，是厂商运维人员在变电站增容改造过程中配置错误造成的。

总结与建议：

（1）全站遥测数据短时跳零，遥信数据异常变位多数发生在远动机切换和重启过程中，需要对厂站内的远动机切换过程加以重视和定期检测；

（2）厂商运维人员在厂站修改配置参数后，要认真核对数据点表、主要参数和运行数据，保证冗余设备的数据一致性。

46. 远动装置与保护装置间频报装置通信中断

关键词：厂站端、远动装置、保护装置、通信中断

问题与现象：

监控人员值班中发现，110kV 某变明尉 2 间隔频繁报出保护装置和远动装置间通信中断。

分析与处理：

该间隔保护装置通过规约转换器（串口）与远动装置通信，但远动装置串口下已下挂 8 个规约转换器，两个装置通过 103 规约通信，103 规约每 10min 进行一次总召，总召报文优先级高于心跳报文，由于装置过多，当总召时间大于通信管理机判定装置通信中断时间时，就会有规律地每隔 10min 左右报 1 次中断/复归。

修改保护装置与远动装置通信的 103 规约，把判定装置工况中断的时间改为大于总召唤一轮的时间。

总结与建议：

如遇到规律性的远动装置与保护装置通信中断故障，可以参考本部分的处理方法。

47. 远动机缺陷导致遥测数据不刷新却未见异常信号

关键词：厂站端、远动机、数据不刷新

问题与现象：

2017 年，某地调常发生部分间隔数据不刷新的现象，期间未见任何异常信号，尤其部分变电站在新投运时未见异常，扩建后此问题相继出现。

分析与处理：

现场检查监控后台机，发现后台机数据正常，确定为远动机故障，经测试远动机主 CPU 与调控中心通信无异常，但未收到部分分 CPU 上送的间隔层数据，各分 CPU 采集间隔层数据正常，与主 CPU 进行数据交换时发生异常，因各间隔的四遥信息及通信异常信号在分 CPU 中产生，造成主、分 CPU 数据交换异常时，不会上报任何信号。

经研究，其他厂商远动机大多只设一个主 CPU，直接通过交换机从间隔层采集数据，转发给调控中心。山东某 SL200C 型远动机采用分 CPU 采集数据，主 CPU 向调度转发数据的方式完成信息发送，即各分 CPU 使用低端硬件配置，采用负荷均分的方式通过站控层交换机分别采集部分间隔设备数据，然后将采集的数据进行筛选再通过各分 CPU 其他网口将数据再次上传至站控层交换机，远动机的主 CPU 再通过固定网口将站控层数据采集上来，再通过其他网口发往调控中心，如此复杂的网络结构不仅增加了故障点，还使数据频繁在站控层交换机内传输，增大了网络负载量。

山东某公司现已开发出一体化的新型远动机，但因新型远动机与老远动机不兼容，设

备更换后所有信息需重新制作，信号无法进行传送。另外新型远动机是否仍存在其他缺陷无法验证等，这些问题仍无有效的解决办法。2018 年暂时协同厂家将部分信号删除，降低负载量，暂时减缓故障的发生。

总结与建议：

建议协调厂家排查辖区内山东该公司出产的多 CPU 的远动机等设备。

48. 主站、子站配置不一致导致的数据跳变

关键词：综自改造、数据跳变、浮点值、整形值

问题与现象：

某地调低频减载可切负荷容量值跳变。

分析与处理：

经分析，该地调低频减载可切负荷容量值为计算值，通过检查各分量数据曲线，发现某分量数据（某 110kV 变电站某线路有功值）跳变导致总加数据跳变。

该 110kV 变电站进行综合自动化改造（综自改造），新增加了一台远动通信工作站，新、老远动通信装置均可与地调主站通信。其中，新远动通信工作站以浮点值上送遥测数据，老远动通信工作站以整形值上送遥测数据。

数据跳变前，新远动通信工作站为主机，老远动通信工作站为备机。因需要下装配置，检修人员对新远动通信工作站进行了重启操作，此时切换成老远动通信工作站与地调主站通信。由于地调主站已按浮点值进行设置，老远动通信工作站上送的源码值未经换算，导致数据跳变。

总结与建议：

检修人员对综自改造相关工作认识不清，未及时修改老远动通信工作站上送遥测数据类型，且在重启操作时未联系地调主站封锁相关数据，这是造成本次数据跳变的主要原因。

建议该地调加强对检修工作管控及对检修人员安全要求宣贯，避免类似问题再次发生。

49. CPU 存储器存储溢出导致的远动装置无法启动

关键词：远动装置、CPU、存储器

问题与现象：

某 220kV 变电站下装新建间隔参数，需重启远动装置。在进行重启操作后，两台远动装置均无法启动。

分析与处理：

（1）经检查远动装置电源、风扇等未见异常，再次尝试启动，仍无法启动。

（2）进一步检查发现，该站远动装置于 2010 年 9 月份投运，CPU 存储器插件型号较老，增加新建间隔参数后存储溢出，导致远动装置无法启动。

（3）紧急采购、更换新型号的 CPU 存储器插件后，远动装置正常启动。

总结与建议：

（1）建议设备管理单位加强巡检工作，定期检查 CPU 存储器使用率，提前发现、排除隐患。

（2）建议设备管理单位加强备品备件管理工作，在设备出现异常后，及时进行更换除缺，降低影响。

（3）在进行远动装置重启操作时，建议勿对双远动装置同时重启，一台远动装置正常启动后，再重启另外一台远动装置。在发现异常情况后，暂停工作，待对异常原因分析、处置后再开展工作，避免双远动装置同时无法运行的情况，提升远动装置运行稳定性。

50. 远动机主板电池失效造成通道中断

关键词：远动机、主板电池、通道中断

问题与现象：

某 220kV 变电站运行中出现双通道中断，现场对两台远动设备进行拆机检查，如图 2-4 所示，发现主远动设备主板电池电量严重不足（标准电压为 3V，实测为 0.13V，设备已运行服役 9 年），导致无法通信，且站内备用远动设备损坏，无法自动切换运行。

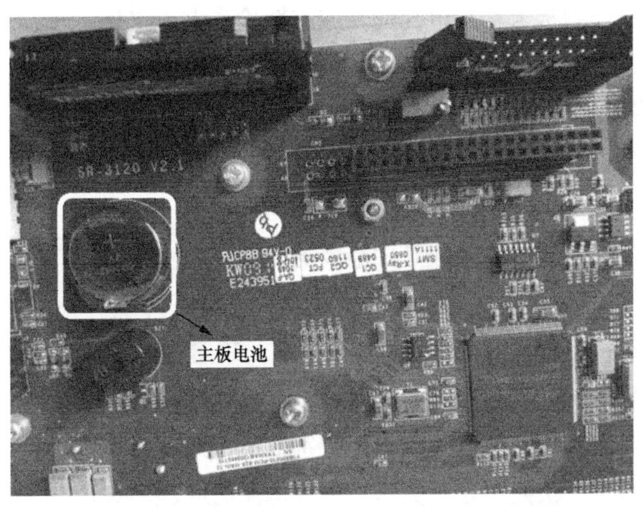

图 2-4　远动机主板电池

如图 2-5 所示，某电厂也出现类似问题，远动 A 机主板内部两节 3.6V 电池电压低至 1V 左右，这两节电池主要为板卡内部程序内存供电，当电池失电时，程序丢失，导致 A 机无法启动。

分析与处理：

早期某些厂家板卡设置有电池，而且为不可充电电池，有一定的使用寿命。现场由于未定期检测电源电压，未定期更换电池，当电池电压低于正常工作电压时，会发生电池失

效引起程序丢失的情况，造成通道中断。更换电池，重新安装程序后方可恢复系统运行。

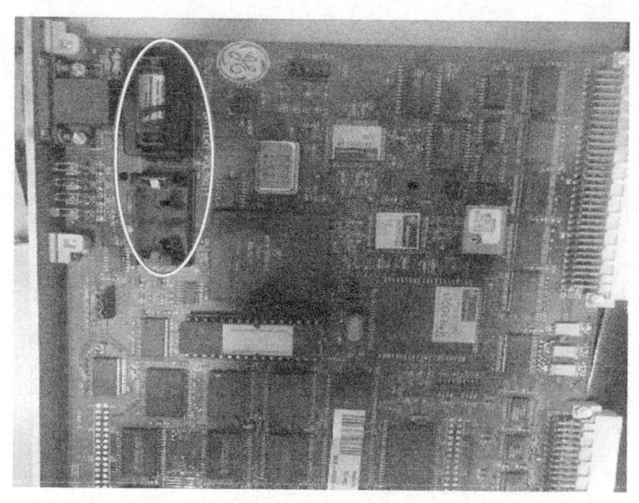

图 2-5 远动主板电池

总结与建议：

电池失效会造成程序丢失，系统恢复过程复杂，会造成远动机较长时间难以恢复。建议梳理远动机，对于控制板卡存在电池的，应定期检查电池电压，出厂超过 5 年的应及时更换。同时应做好远动机程序和配置备份，以便出现故障时能快速恢复。

51. 远动机网络模块电源故障造成通道频繁投退

关键词：远动机、电源故障、通道频繁投退

问题与现象：

某日，某厂一期远动通道发生频繁中断情况。

分析与处理：

经测量其远动主机＋12V 直流电源只有 6V 多，确定为＋12V 直流电源电源问题。

远动主机±12V 电源为网卡供电，当主机＋12V 电源低于 11V 时，可能会出现网络通道会中断的问题。当网卡电源监视灯电压特别低时，灯不会点亮，平时如果电压不是特别低，只看电源监视灯无法判断是否欠压。更换电源后问题消失。

总结与建议：

应加强远动机网络模块电源为冗余配置，提高电源可靠性。使用 8 年以上的电源应主动更换，避免运行中电压欠压造成异常。定期开展远动装置和电源的切换试验，定期检测系统所需的 DC 24V、DC 12V、DC 5V 电源。

52. 远动辅助设备使用单一电源造成双通道中断

关键词：远动、电源、双通道中断

问题与现象：

某日，某厂远动系统发生双通道中断。

分析与处理：

如图 2-6 所示，该厂网络设备及 RTU（远程终端单元）主机均采用了双电源，光电转换器使用的是交流电，两个平面的光电转换器在 RTU 柜内采用同一电源插座 KM5。此插座上一个串口转换器的电源模块烧坏接地，导致此插座电源开关 KM5 跳闸，造成两个平面数据同时中断。问题的原因在于双通道部分设备由单电源供电，存在非冗余环节。

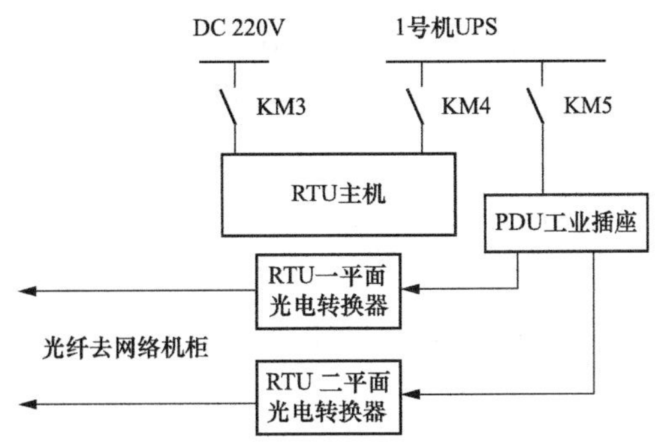

图 2-6　某厂网络设备及 RTU 主机双电源图

为了增加系统可靠性，在 2 号机 UPS（不间断电源）段取一路电源接至远动二平面光电转换器上，使两路光电转换器取用不同的 UPS 电源插座，如图 2-7 所示。

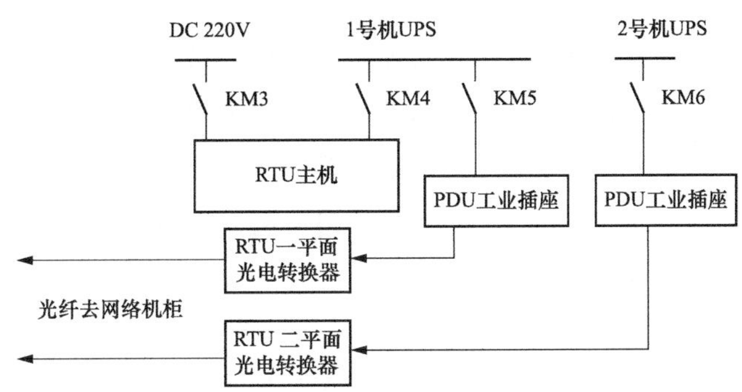

图 2-7　光电转换器取用两路不同的 UPS 电源

总结与建议：

远动双通道辅助设备也应保证冗余供电，避免单电源故障造成双通道中断。

53. 远动机端口设置问题造成数据跳变

关键词： 远动机、端口设置、数据跳变

问题与现象：

某厂远动机为双机冷备模式，B 机为主机运行，7 日、8 日、10 日该厂都出现了数据跳变问题。

分析与处理：

如图 2-8 所示，根据主站通信报文分析，确认主站在 7 日、8 日、10 日收到了数据为

0 的无效数据。现场 RTU 设备为冷备，经查 RTU 配置参数发现，备机网络端口未关闭，主站询问备机通道时，会收到无效数据，即在 B 机运行时主站访问了 A 机信息，此时 A 机数据为离线数据，导致 RTU 数据异常。

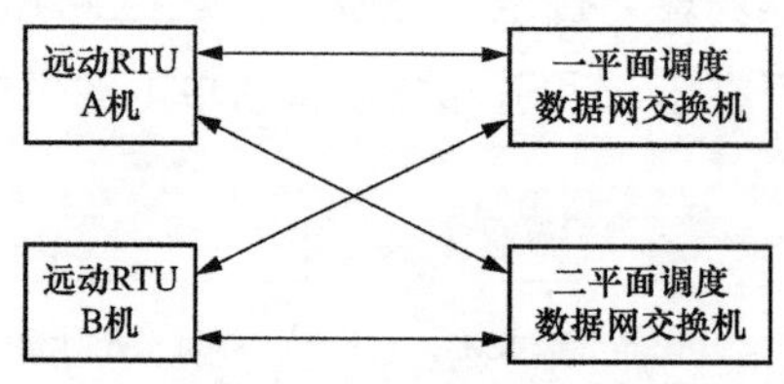

图 2-8 某厂远动机双机冷备模式

总结与建议：

对于冷备模式的远动机，建议远动机处于备机运行时，关闭网络通信端口，防止主站访问备机导致数据不正确。

54. 远动机时间设置问题造成数据跳变

关键词：远动机、时间设置、数据跳变

问题与现象：

某日某厂发生功率遥测跳变情况，3 号、4 号机全停期间，功率跳变 600MW 左右。

分析与处理：

该厂当日遥信发生异常，怀疑远动机死机，鉴于两台机组全部停机状态，未通知省调就进行了远动主机切机工作，导致 15：40 时 3 号、4 号机负荷省调侧显示 600MW 左右。

进一步分析，该厂主、备远动机为冷备，无数据同步功能，采集模块与主备机不能同时通信，现场配置的等待时间过短（10s），切换时备机尚未收到数据的情况下，将原有离线数据上送调度，造成突变。

总结与建议：

对于冷备模式的远动机，建议远动机合理配置切换等待时间，避免发生数据跳变。

55. 远动双机切换异常，造成数据中断

关键词：远动机、双机、切换异常

问题与现象：

某日，自动化主站人员发现 D5000 告警窗报出“L 站网络 104 地调接入网通道、104 备调接入网通道、104 省调接入网通道退出告警”。L 站退出，全站数据不刷新。

分析与处理：

经检查，初步判断故障点在现场远动装置或电源方面。现场检修人员查看发现，远动装置 A/B 机网口指示灯都不亮，怀疑是网线问题，重新插拔后，主站系统提示各通道投入，为确保无其他异常问题，现场检修人员根据远动厂家指示将远动机进行重启，该站至省调、地调通道和报文均正常，数据刷新，观察 30min 后，未再发生通道退出现象，判断

缺陷已消除，检修人员离站。

220kV L站于2015年投运，远动装置型号为RCS-9698H，软件版本为10.52.44，双机主备运行，如图2-9所示。

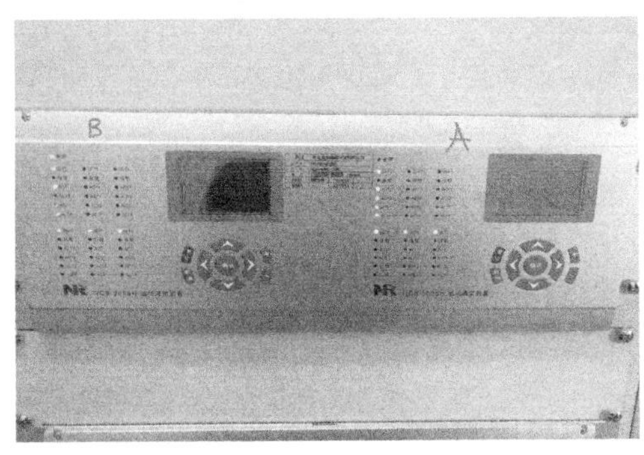

图2-9 远动装置A/B机网口指示灯

其后事件分析发现，在故障前一日，远动A机在当时作为备机被重启后，未与省调、地调接入网建立链接。因L站RCS-9698H装置较老，完全重启好并建立链接需要约40～50min。为缩短时间，厂家技术人员将远动备机的所有对上对下通信网线全部拔出，待远动装置重启完毕后，再将网线接入，由于备机不参与数据传输，因此在整个拔除-接入-端口down的过程中，只有远动装置前面板的网口状态灯可以提示是否链接是否正常，但当时现场工作人员未发现远动B机的网口灯异常。

故障当日，现场曾发生远动A/B机主备切换事件，异常远动A机做主机会造成至省调、地调主站系统通道全部中断。

分析RCS-9698H双机主备自动切换有3个条件：

（1）对下链路是否不一致（远动装置通过站控层交换机与站内各测控、保护装置的通信是否正常），如主机与站控层交换机断开连接，则进行主备切换。

（2）对上链路是否不一致（远动装置到数据网交换机链路是否正常），如主机不正常，则进行主备切换。

（3）如两台远动装置对下对上均一样，则按照设备内部跳线，默认优先级别高的设备当做主机，L站默认远动B机为主机。

在此次远动A/B机自动切换事件中，已排除断电（设备断电，会记录远动装置闭锁，查询日志并无该条记录）和远动B机对下链路中断（未报出任何装置通信中断的信息）的原因。根据厂家所描述的主备切换判断原理，“远动B机对上链路（到数据专网的链路）中断”，是造成远动A/B机发生主备切换的具体原因，结合调阅省、地实时交换机日志，在故障时间，远动B机所连省网、地网端口全部显示为down，分析原因发现网线松动或远动装置本身的通信网卡发生异常可能性较大。

然后将L站远动A/B装置调整为双主模式，如图2-10所示。

图 2-10 远动装置双主模式

总结与建议：

此次 220kV L 变电站双通道中断暴露出以下问题：

（1）变电运行人员对现场二次设备熟悉程度不足，特别是自动化设备，在第一次现场检查期间未能发现远动装置网络指示灯异常，没有及时发现故障点。

（2）远动装置重启后，工作人员只查看了远动主机的通道情况，没有查看远动备机的运行状态。

针对以上问题，建议开展以下措施：

（1）要求变电运维人员尽快熟悉远动装置，充分了解设备各指示灯的正常运行状态。

（2）依托省调下发自动化系统的“排雷“行动，增加对现场设备通信线缆的测试内容，避免因现场通信线造成的通道异常、退出。

（3）要求检修人员开展远动装置运行状态的排查工作，将双机主备运行切换改成双主模式，不满足的要尽快完成技术改造。

（4）要求检修人员做好典型缺陷消除的处置流程，加快消缺效率。

（5）要求现场检修人员在重启远动装置后完整的检查远动装置运行状态，确保各条链路通信正常。

（6）地调自动化人员要在现场有重启远动装置的工作后，检查调度数据专网实时交换机的业务端口是否正常。

56．35kV 1 号主变压器挡位遥控异常

关键词：远动机、主变压器挡位遥调异常

问题与现象：

35kV J 变电站 1 号主变压器在调挡过程中只能升挡，不能降挡。

分析与处理：

检修人员在挡位变送器上进行手动调挡试验，发现升降挡位均正常，于是排除挡位变送器控制输出到变压器调挡机构部分的故障。由于 UP858A 型挡位变送器控制输入的公共为＋12V，而升、降、停端子并不是此直流电压的直接零电位，所以不容易通过电平测量

来判断故障点，在变送器的输入端进行短接，发现可以降挡调节，排除变送器本身故障，又在测控装置上进行升降遥控开出实验，发现装置报告里分合命令已成功发出，并且遥控保持时间设置足够，于是将故障确定在测控侧的电缆接线上，进行对线后发现，公共和降挡电缆接反，整改后调挡正常。

总结与建议：

通过故障的处理可以认识到，一点点的粗心大意都会给工作增加不必要的麻烦，甚至出现安全事故。所以在工作上应该严格要求，尤其是对于设备接线，应严格区分各对应端子，确保正确无误。

57. J变电站远动通信工作站与调度主站频繁中断

关键词：远动机、通信中断

问题与现象：

某J变电站，在线路跳闸后，未恢复送电前，远动装置2次上送了JZ线错误的变化遥测数据，如图2-11所示。

```
[Mon Dec 17 15:43:14 2018]接收(遥测): Z0681C5C010200 09 03 03003B01 174000701C00<22:7280> 1540001F2200<20:8735> 16400031F400<21:-3023>
[Mon Dec 17 15:43:26 2018]接收(遥测): Z0682252020200 09 04 03003B01 174000181C00<22:7192> 2F4100901B00<302:7056> 304100D81B00<303:7128> 154000B62100<20:8630>
```

图2-11 JZ线遥测数据

分析与处理：

通过检查当天J变电站远动装置的通信状态发现，J变电站远动装置通过省调接入网、网调接入网与省调的通信存在每隔1h左右瞬间中断又恢复的现象，如图2-12所示。

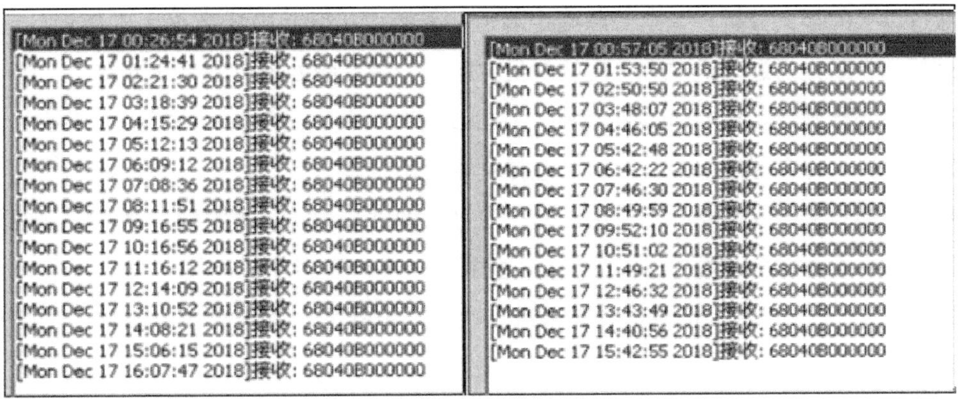

```
[Mon Dec 17 00:26:54 2018]接收: 68040B000000
[Mon Dec 17 01:24:41 2018]接收: 68040B000000
[Mon Dec 17 02:21:30 2018]接收: 68040B000000
[Mon Dec 17 03:18:39 2018]接收: 68040B000000
[Mon Dec 17 04:15:29 2018]接收: 68040B000000
[Mon Dec 17 05:12:13 2018]接收: 68040B000000
[Mon Dec 17 06:09:12 2018]接收: 68040B000000
[Mon Dec 17 07:08:36 2018]接收: 68040B000000
[Mon Dec 17 08:11:51 2018]接收: 68040B000000
[Mon Dec 17 09:16:55 2018]接收: 68040B000000
[Mon Dec 17 10:16:56 2018]接收: 68040B000000
[Mon Dec 17 11:16:12 2018]接收: 68040B000000
[Mon Dec 17 12:14:09 2018]接收: 68040B000000
[Mon Dec 17 13:10:52 2018]接收: 68040B000000
[Mon Dec 17 14:08:21 2018]接收: 68040B000000
[Mon Dec 17 15:06:15 2018]接收: 68040B000000
[Mon Dec 17 16:07:47 2018]接收: 68040B000000
```

```
[Mon Dec 17 00:57:05 2018]接收: 68040B000000
[Mon Dec 17 01:53:50 2018]接收: 68040B000000
[Mon Dec 17 02:50:50 2018]接收: 68040B000000
[Mon Dec 17 03:48:07 2018]接收: 68040B000000
[Mon Dec 17 04:46:05 2018]接收: 68040B000000
[Mon Dec 17 05:42:48 2018]接收: 68040B000000
[Mon Dec 17 06:42:22 2018]接收: 68040B000000
[Mon Dec 17 07:46:30 2018]接收: 68040B000000
[Mon Dec 17 08:49:59 2018]接收: 68040B000000
[Mon Dec 17 09:52:10 2018]接收: 68040B000000
[Mon Dec 17 10:51:02 2018]接收: 68040B000000
[Mon Dec 17 11:49:21 2018]接收: 68040B000000
[Mon Dec 17 12:46:32 2018]接收: 68040B000000
[Mon Dec 17 13:43:49 2018]接收: 68040B000000
[Mon Dec 17 14:40:56 2018]接收: 68040B000000
[Mon Dec 17 15:42:55 2018]接收: 68040B000000
```

图2-12 远动通信报文

比对通信中断前的报文内容发现，每当通信中断前15s左右，报文状态都处于最大帧序号翻转的状态（104规约报文最大帧计数从0×0000到0×FFFF，当子站发送序号为

0×FFFE帧信息后，主站确认帧从0×0000重新开始计数）。以主站发送的确认帧680401000000为例查找报文，并与通信中断后重新连接成功主站端接收站端响应链路的报文68040B000000进行比对，结果见图2-13。

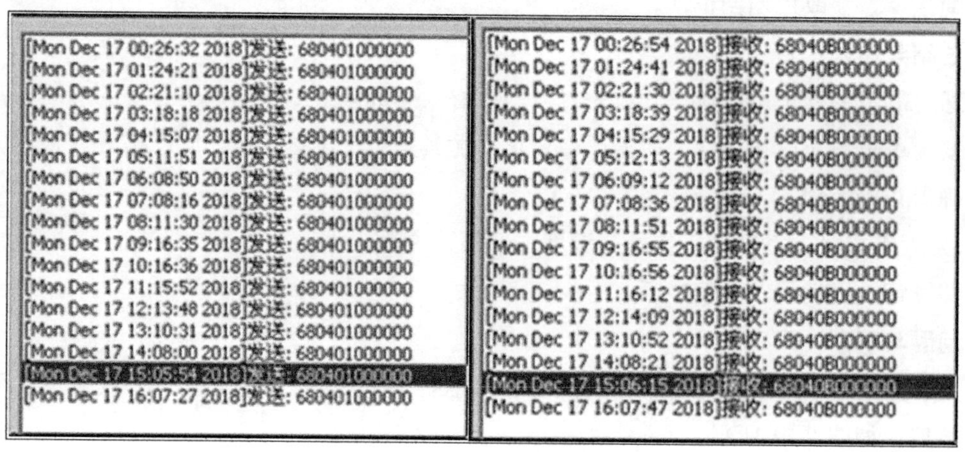

图2-13 J变远动装置通信报文

说明：68040B000000代表主站与J变电站链接已经建立，J变电站响应省调的链路状态。在链接建立前3～4s，链路已经中断，但因主站发起请求链路状态报文680407000000次数不一致（跟子站响应时间相关），不能最大程度地体现针对性，所以以链接已经建立报文为基础统计。

J变电站远动机型号为WYD-803A，由某公司生产，2008年投运。其他5座变电站使用同型号远动机。对H变电站通信状态进行检查发现，也存在与J变电站同样的通信中断问题。

通过以上的报文分析，基本可以确定通道频繁瞬时中断是造成数据上送错误的起因，而通道频繁中断是由远动机中104规约对最大帧序号翻转的处理机制错误导致的。

经厂家分析确认，WYD-803A远动机在2013年7月程序版本中针对104规约加入了以下判别逻辑，并在通道配置文件中可选择是否启用。

判断远动报文的发送序号小于主站确认序号，即已被确认，清除发送缓存，证明与主站通信正常；而主站确认序号小于远动发送序号，认为通道存在问题，发送报文未被确认，T1（15s）后主动断开链接，并在通道再次建立链接后，将缓存中未被确认的信息上送至调度。

此逻辑本意是增加对104规约可靠性判别，但由于未考虑最大帧序号翻转的特殊情况（此时主站确认序号小于远动发送序号），所以导致程序判断错误，触发链接中断。

J变电站、H变电站都在通道配置文件中将此逻辑启用，其他3座变电站未启用此逻辑，所以只有这两座变电站存在通信中断的现象。

分析认定，J 变电站上送 JZ 线错误变化遥测数据事件整体回溯如下：

14：40：34 前，省调主站与 J 变电站通信应以网调接入网为主通道。

14：40：34，J 变电站通过网调接入网接收到主站发送的 680401000000 帧。

J 变电站远动判断主站确认序号小于远动发送序号，认为通道存在问题，发送报文未被确认，T1（15s）断链计时开始，并且开始将 14：40：34 之后发生的信息保存在缓存里（其中包括 JZ 线正常运行时上送的遥测数据）。

14：40：50，15s 计时结束，J 变电站网调接入网与省调链接断开，省调此时将主通道切至省调接入网。

14：40：56，J 变电站网调接入网链路恢复。

14：47：15，500kV JZ 线跳闸。此时，J 变电站通过省调接入网（主）、网调接入网（备）上送的遥信、遥测数据均正常。

15：05：54，J 变电站通过省调接入网接收到主站发送的 680401000000 帧。

根据同样的原因，省调接入网通信 T1（15s）断链计时开始。

15：06：09，15s 计时结束，J 变电站省调接入网与省调链接断开，省调此时将主通道切至网调接入网。15：06：15，J 变电站省调接入网链路恢复。

当主通道切回至网调接入网后，远动装置将之间缓存的 JZ 线未跳闸时正常的变化遥测数据分别于 15：43：14、15：43：26 上送至省调。

总结与建议：

（1）将 J、H 两座变电站远动机 104 规约通道配置文件中将此逻辑禁用。

（2）站端与主站端都已实现了网络通信，并且 220kV 及以上变电站都采用双远动机双主机方式运行，主站 IP 设置较多。在这种情况下，对于站端远动的缓存设置及发送机制要求较为复杂，应该进一步研究统一规范配置参数。

2.2　PMU 设备

58. XS 站 3 号主变压器中压侧功率振荡告警情况说明

问题与现象：

某日，省调自动化值班 WAMS 告警报出 XS 站 3 号主变压器发生功率振荡。

使用 WAMS 电网运行动态监视调出告警时间段内 NX 站 3 号主变压器中压侧有功、频率、电压、电流曲线如图 2-14 所示，发现有功随 A 相电流存在不正常波动，其中 A 相电流波动最大值超过 10000A，而 B、C 相电流并无波动。此外，查看 XS 站 3 号主变压器中压侧 SCADA 实时量测数据，发现 B、C 相电流（855A、864A）与同时刻 WAMS 量测结果（535.965A、549.317A）差异较大。

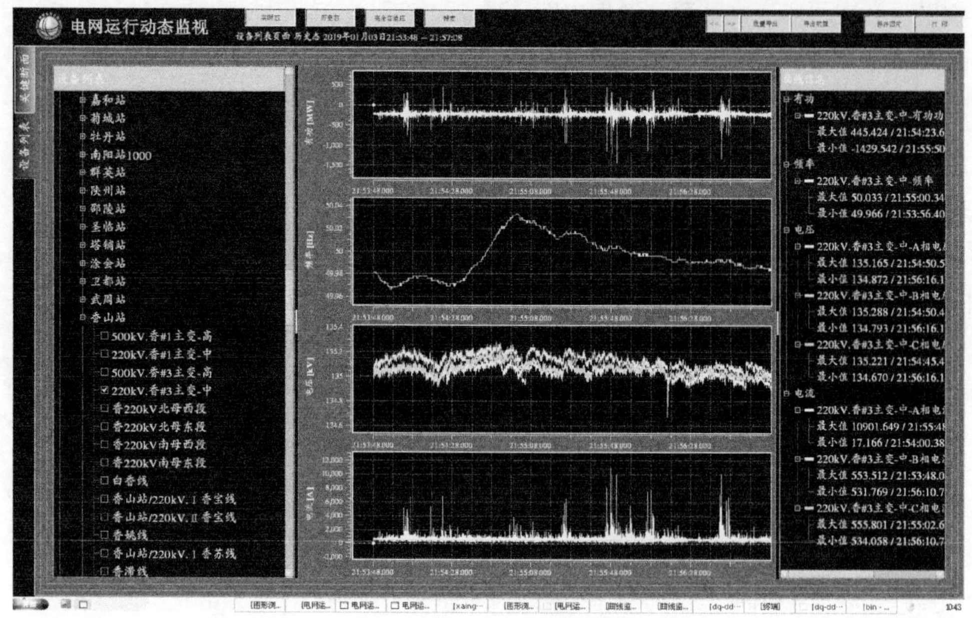

图 2-14　电网运行动态监视图

分析与处理：

（1）功率振荡问题：查看 XS 站 3 号主变压器高压侧以及变压器 500kV、220kV 线路在告警时段内的相关数据，发现并无不正常波动。因此判断此次 XS 站 3 号主变压器中压侧功率振荡告警是由 A 相电流的不正常波动造成的，其 WAMS 量测数据可能存在异常，结合检修人员现场检查发现 A 相电流 PMU 采集单元的 CPU 板故障。

（2）电流量测问题：检查发现 PMU 量测装置对 3 号主变压器电流的电流互感器（TA）变比设置错误。

总结与建议：

（1）更换 PMU 采集单元的 CPU 板，A 相电流不正常波动消失。

（2）将 3 号主变压器电流 TA 变比由 2500 改为 4000，三相电流恢复为正常值。

59．PMU 量测的机组频率和电压持续 20Hz 振荡

关键词：厂站端、PMU、频率振荡、电压振荡、20Hz

问题与现象：

某电厂的 PMU 量测结果显示：电厂 2 号机组频率和机组电压存在持续振荡问题。现场 PMU 装置接入的 2 号机组机端电压电压互感器（TV）变比为 21kV/100V，机端电流 TA 变比为 15000A/5A，2 号机组频率和机端电压曲线如图 2-15 和图 2-16 所示。频率振荡区间范围在［49.840Hz，50.010Hz］，峰谷为 0.257Hz。机端电压振荡区间为［12176.3V，12358.1V］，峰谷差为 181.3V。

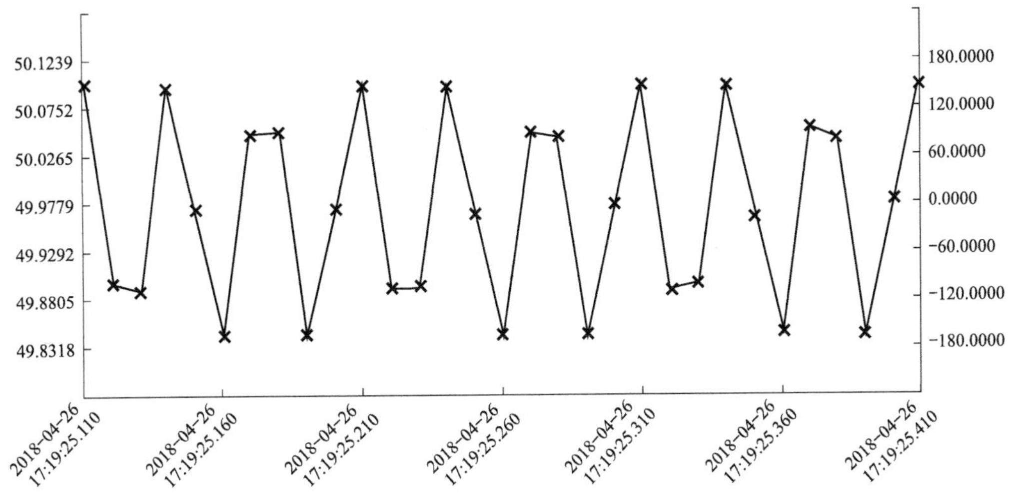

图 2-15　2 号机组频率振荡曲线

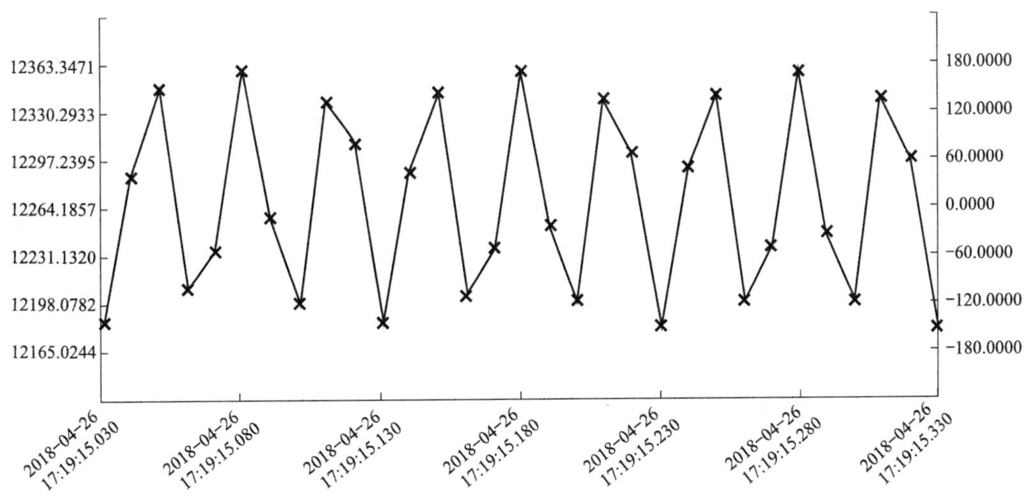

图 2-16　2 号机组幅值振荡历史曲线

故障录波器的连续录波采样率为 4800Hz，按触发时刻存储录波文件，调取现场对应时间段录波文件，并对数据进行 FFT 频率幅值分析，结果如图 2-17 所示。其中，图 2-17（a）为根据 FFT 计算得到的基波频率和幅值，分别为 50.02Hz、58.81V；图 2-17（b）根据 FFT 计算得到的谐波频率和幅值，分别为 20.0Hz、0.7482V。

分析与处理：

由于发电机组需配置注入式定子接地保护装置，其原理是在发电机中性点侧注入一个外部的低频（20Hz）交流电压源，其幅值最大约为发电机额定电压的 1%。如果发电机中性点发生了接地故障，20Hz 交流电压信号通过接地电阻将产生 20Hz 的故障电流（如图 2-18 所示）。保护装置将测量回路的驱动电压和故障电流，从而可以计算出回路的电阻。现场由于配置了 20Hz 的注入式定子接地保护装置导致了谐波的产生，与现场录波数据分析结果一致。

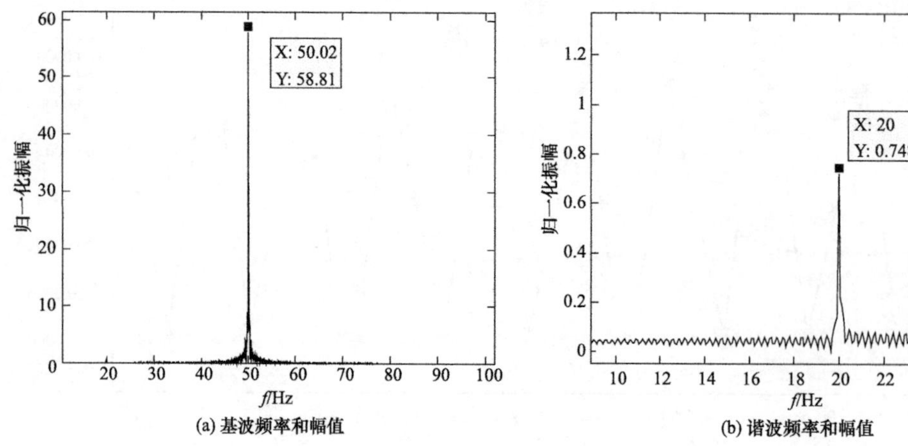

图 2-17 故障录波数据分析

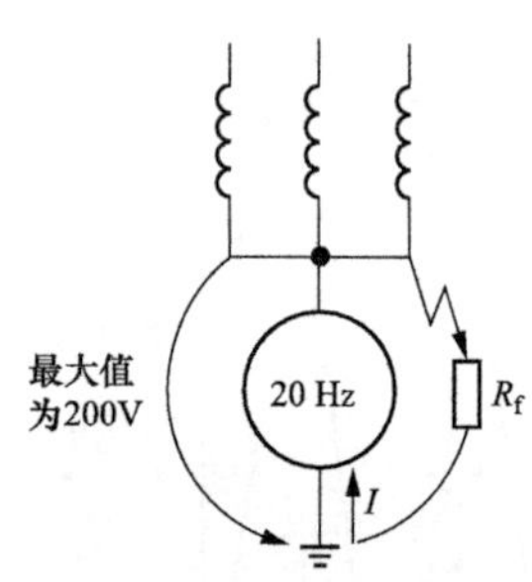

图 2-18 发电机中性点注入式电压原理

总结与建议：

（1）注入式定子接地保护装置是在发电机中性点侧注入外部的低频（20Hz）电源，对系统来说相当于增加了 20Hz 零序电压。三角形接线可用于滤除电压回路中的零序分量。

（2）通过软件更新方式，将电压回路中 20Hz 的零序分量进行滤波，只保留基波分量信息，可避免对 PMU 量测数据的影响。

（3）在进行次同步振荡分析时，注意滤除该注入式定子接地保护装置引起的 20Hz 信号。

60．PMU 时钟问题造成整站数据异常

关键词： PMU、同步时钟、数据异常

问题与现象：

2019 年 1 月，WAMS 集中动态曲线显示某电厂实时数据为 N/A，无有效实时数据。

分析与处理：

首先，在 WAMS 前置上检查该厂 PMU 通道，显示该厂双通道均正常，有数据向主站上送，但 WAMS 集中动态曲线显示，实时数据为 N/A，无有效实时数据。进一步检查发现，该厂 PMU 数据时间比标准时间慢 17s。现场检查后发现，该厂同步时钟系统存在问题，同步时钟系统处理正常后，PMU 数据恢复正常，实时曲线正常显示。

总结与建议：

根据 DL/T 280—2012《电力系统同步相量测量装置通用技术条件》的要求，给 PMU 授时的基准时钟源时间准确度应优于 $\pm 1\mu s$。现场应配置高稳定性的同步时钟系统，与 PMU 可靠通信，对时信号类型宜采用 IRIG-B 码，对时信号宜采用光纤传输，设置时钟系统异常告警，并定期检查同步时钟系统，确保 PMU 数据有效。

61. PMU 系数配置错误造成功率数据异常

关键词： PMU 系数、数据异常

问题与现象：

某新投电厂机组 PMU 上送机组功率为 101MW，但主变压器高压侧功率为 418MW，相差较大。

分析与处理：

将 PMU 的功率数据与 SCADA 采集的实时数据进行对比分析，发现 PMU 上送的机组功率数据准确，主变压器高压侧数据错误。

现场进一步检查发现由于主变压器高压侧电流变比为 600A/5A，但 PMU 内实际设置为 2500A/5A，变比错误造成 PMU 采集功率数据错误。现场修改 PMU 内主变压器高压侧电流变比，主站重新召唤配置后，上送主变压器高压侧功率数据恢复正常。

总结与建议：

现场配置参数时应认真核对，避免因参数配置错误造成数据异常。现场更换电流互感器和电压互感器后也应同步修改 PMU 中设置系数，并通知主站重新召唤配置。

62. PMU 软件问题造成机组停机时频率异常

关键词： PMU、软件、频率异常

问题与现象：

主站梳理 WAMS 数据中发现某电厂的 PMU 数据存在异常情况，当该厂单台机组停机时，机组发电功率为零，此时 PMU 计算出的无效频率未做处理，在 45～55Hz 随机大幅波动，如图 2-19 所示，造成主站 WAMS 频率振荡告警频出。

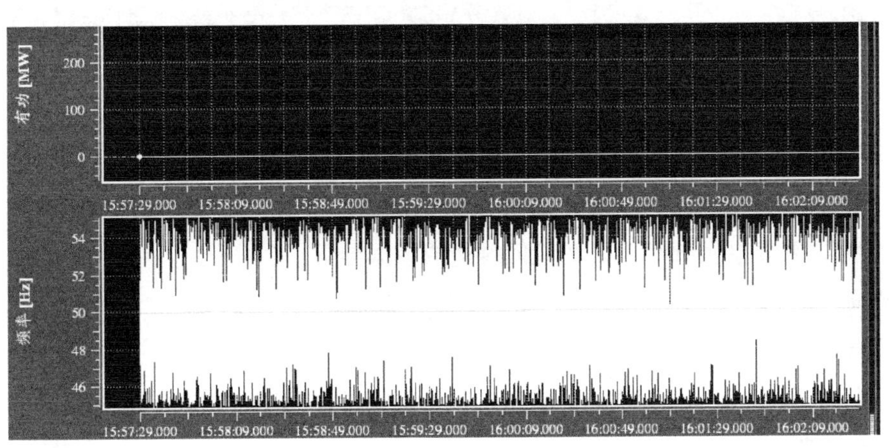

图 2-19 机组停机后的有功、频率图

分析与处理：

发电厂机组侧的频率是通过机端电压计算出来的，当发电机停机时，机端电压消失，此时测量到的电压信号为随机噪声信号，计算出的频率为随机值。需要 CPU 模块修改频率计

算处理程序，在频率输出时增加停机判断，如果机端电压小于0.5V时，频率赋固定值0Hz。

总结与建议：

PMU软件应考虑各种特殊工况，机组功率为零时，频率计算应能正常判断处理，避免频率数据异常波动。当选择的机组或线路异常时，PMU主帧频率应能进行自动切换，避免主帧频率异常。

63. PMU采集单元CPU板卡故障造成数据跳变

关键词：PMU、板卡故障、数据跳变

问题与现象：

WAMS告警提示500kV某站功率发生波动。

分析与处理：

通过WAMS实时曲线查看，如图2-20所示，发现3号主变压器中压侧功率自16：33：18起有无规律大幅波动。进一步查看发现其A相电流出现异常波动，B、C相电流为600A左右，A相电流在7433～10A之间波动。对比站内高压侧和其他线路A相均未出现异常。现场检查，排除了A相TA问题，基本判断为采集单元故障。厂家分析后更换了采集单元CPU板，故障消除，数据恢复正常。

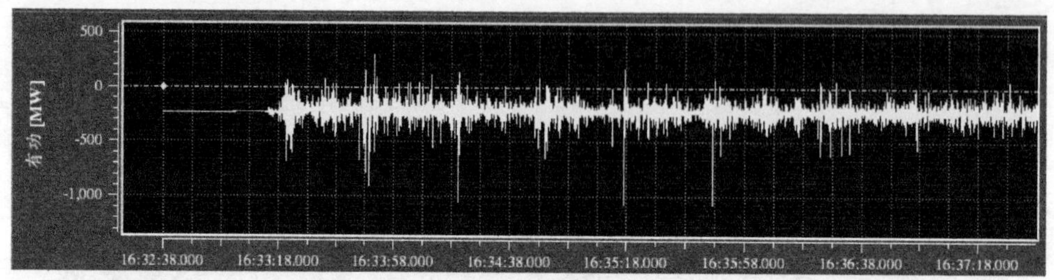

图2-20 3号主变压器中压侧有功曲线图

总结与建议：

加强现场监视，及时发现问题。做好重要硬件备件储备，最短时间内消除故障。

64. PMU采集单元IDCODE配置问题造成数据异常

关键词：PMU、IDCODE配置问题、数据异常

问题与现象：

某风电场PMU调试过程中，通道正常但数据异常，无实时曲线显示。

分析与处理：

该风电场PMU有两个采集单元，经检查前置中显示数据质量位为128，重新召唤配置均无法恢复正常。由于两个采集单元均出现质量位128，现场核对配置后发现，两个采集单元IDCODE配置一样。对第二采集单元IDCODE进行修改，并重新召唤配置，质量位变为零，数据恢复正常。

总结与建议：

当现场 PMU 有多个采集单元时，不同采集单元应按照规范定义不同的 IDCODE，避免配置错误造成上送数据异常。

65. 光电转换器故障造成 PMU 通道中断

关键词： PMU、通道中断、光电转换器

问题与现象：

某电厂 PMU 地网通道中断，省网通道正常。

分析与处理：

该电厂 PMU 在机组电子间，调度数据网交换机在该厂网控楼，两者之间距离较远，中间使用光缆通信，PMU 接入光缆前使用了光电转换器。现场通过排查发现，从 PMU 到地网交换机之间的光电转换器发生了故障，造成光信号丢失，从而出现地网通道中断的情况。现场更换光电转换器后，通道恢复正常。

总结与建议：

现场从 PMU 采集单元到数据集中器或从数据集中器到数据网交换机之间经常需要使用光电转换器，光电转换器的质量直接影响到通道质量，光电转换器故障已成为造成 PMU 数据中断的最常见的硬件故障。因此应选用高质量光电转换器及其配套电源，并做好备件储备，发生问题及时更换。

66. PMU 采集单元负载过重造成数据中断

关键词： PMU、负载重、数据中断

问题与现象：

某 500kV 站 PMU 到主站通道正常，但其中一个采集单元数据异常。

分析与处理：

该站为智能站，故障采集单元由于所接合并单元较多（共 11 个），装置负载过重，造成该采集单元与数据集中器中断。后再增加一台采集单元，分担故障采集单元所接的合并单元，改造后，采集单元恢复正常。

总结与建议：

对采集单元所接入量进行合理控制（建议不超过 10 个间隔），避免采集单元负荷过重造成数据中断。

2.3　电量采集设备

67. 采集终端故障

关键词： 采集终端、通信中断、102 规约

问题与现象：

电量采集主站系统值班人员发现采集不到故障站电量数据，利用系统自动追补功能对

该站电量数据进行追补，仍无数据上传。

分析与处理：

故障发生后，值班员对双网通道用 ping 命令分别进行测试，如图 2-21 所示。

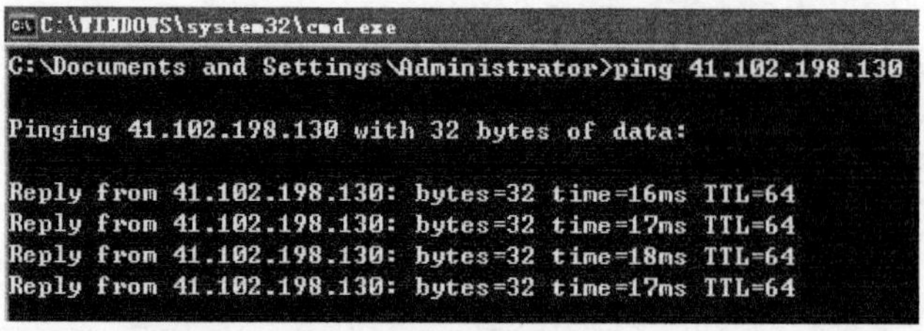

```
C:\WINDOWS\system32\cmd.exe
C:\Documents and Settings\Administrator>ping 41.102.198.130

Pinging 41.102.198.130 with 32 bytes of data:

Reply from 41.102.198.130: bytes=32 time=16ms TTL=64
Reply from 41.102.198.130: bytes=32 time=17ms TTL=64
Reply from 41.102.198.130: bytes=32 time=18ms TTL=64
Reply from 41.102.198.130: bytes=32 time=17ms TTL=64
```

图 2-21 双网通道用 ping 命令测试结果

用 ping 命令测试一平面网络地址 * 1.102.198.130，二平面网络地址 * 1.166.5.130，网络通道通信状态正常。

类似现象在采集系统运行过程中，存在网线损坏、网络接口松动、光端设备故障等情况，引起传输通道中断，导致电量采集主站系统无法进行采集。通过双平面通道测试，双平面通道通信状态正常，排除了通道中断原因，造成电量采集主站系统不能正常采集数据的干扰。

为进一步确认故障原因，值班员对故障采集器下发手动召唤任务，观察采集报文。

```
2018-11-14 08:00:50,162 下行: 10 49 01 00 4A 16
主站召唤链路状态
2018-11-14 08:00:50,269 上行: 10 20 01 00 21 16
子站确认链路状态正常，复位通信单元
2018-11-14 08:00:50,524 下行: 68 15 15 68 73 01 00 78 01 06 01 00 0C 01 98 2D 17 0C
05 13 32 17 0C 05 13 6E 16
主站下发命令读取一个选定的时间范围数据
2018-11-14 08:00:50,559 上行: E5
子站响应请求
2018-11-14 08:00:50,604 下行: 10 5A 01 00 5B 16
主站召唤数据
2018-11-14 08:00:50,630 上行: 68 15 15 68 28 01 00 78 01 07 01 00 0C 01 98 2D 17 0C
05 13 32 17 0C 05 13 24 16
子站响应请求，上传数据（子站已响应请求，但无数据上传）
```

发起手动召唤后，主站、子站通信链路正常，子站可响应主站召唤数据请求，但子站上传数据时无电量数据。通过报文解读，发现采集终端没有读取到关口表计数据。因全站电能表数据全部中断，非个别电能表特例，值班员判断采集终端发生故障，无法和关口电能表正常通信，造成无法读取到计量表计数据。值班员立即通知相关设备维护人员现场检查设备。

现场检查发现，采集终端的“终端”故障指示灯报警，如图 2-22 所示，查询界面里面所有关口电能表都没有数据，确认为采集终端故障导致电能表数据不能正常采集。

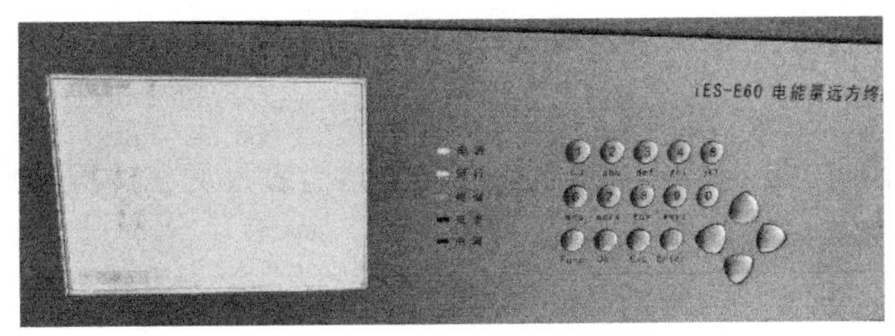

图 2-22　电能量远方终端报警图

为了尽快消除故障，恢复数据上传，值班员根据故障情况，结合以往类似故障现场处理经验，尝试断开采集终端的电源模块电源，重新启动采集终端，观察设备重启后故障是否能够消除、恢复正常采集。经批准后，现场设备维护人员断电重启采集终端。采集终端重启后，终端故障指示灯熄灭，采集终端暂时恢复正常数据采集，但故障并未彻底解决，间隔数天后，该采集终端又出现了类似故障。通过档案查询，该采集终端运行已超过 8 年，鉴于这种情况，分析认为造成故障的原因是采集终端硬件设备老化，维修或软件升级已不能保证设备运行可靠，为了彻底解决故障，对采集终端设备进行更换处理。考虑到更换设备周期较长，在更换期间对该采集装置进行重点观测，故障时及时重启，以便保证关口电量数据能够及时上传调度端电量采集系统，保证电量数据持续不中断。

总结与建议：

采集器故障是厂站最常见故障之一，电量采集装置运行时间长（8 年以上）后，采集器中 CPU、电源模块、存储设备等部件容易发生严重老化，导致采集器无法正常采集数据。

采用断电重启的方法会使系统暂时恢复正常，要彻底解决采集器老化问题，必须对采集器进行更换。

为提高调度端电量采集系统运行稳定性，避免类似问题再次发生，提出以下措施和建议：

（1）完善调度端电量采集主站系统功能，提高系统故障厂站报警的准确性、及时性。

（2）加强调度端电量采集系统值班巡视制度，若发现故障厂站，应及时检测，及时通知相关现场设备维护人员。

（3）加强对设备的监控，特别是针对运行时间较长的采集设备，加强深度巡检内容，尽可能实现设备异常的预判。

（4）梳理现有采集装置服役情况。在资金允许的情况下，对运行时间较长、超期服役的采集设备列入改造计划，尽快进行升级改造。

68. 电能表采集异常

关键词：电能表异常、接口接线错误、母线平衡配置

问题与现象：

调度端电量采集系统主站采集到电能表数据异常。配置母线平衡时，某条线路电能表

电量数据和 D5000 系统积分电量对比误差大，母线配置不平衡。

分析与处理：

（1）电能表故障、485 通信异常。电量采集主站值班人员在进行日常数据检查时，发现某块电能表数据异常，如图 2-23 所示。

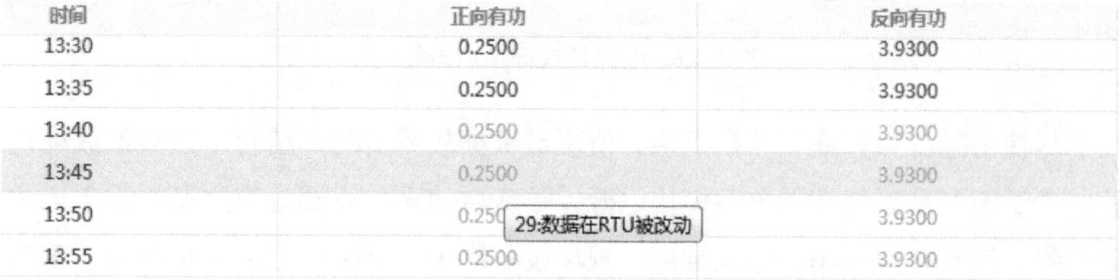

时间	正向有功	反向有功
13:30	0.2500	3.9300
13:35	0.2500	3.9300
13:40	0.2500	3.9300
13:45	0.2500	3.9300
13:50	0.250	3.9300
13:55	0.2500	3.9300

29:数据在RTU被改动

图 2-23　电能表采样数据异常

电能表通信异常，采集终端保持最后一个正确数据 0.25 上传至主站系统。数据带有故障信息，用黄色标示，便于查询。不同厂家采集终端置数方式不同，有的直接置“0”。

电量采集主站系统在采集数据的过程中，当采集终端和电能表通信异常时，为了保证采集时标持续向前，不影响其他正常电能表的采集，一般采集终端将保持故障电能表最后一个正确数据或置“0”后上传至采集主站系统，一直到电能表恢复正常通信。这些故障电能表数据上传时带有异常标志位，可根据情况将采集终端处理过（RTU）的数据用不同颜色标示，方便查询和判断。

电能表故障、电能表 485 通信线松动、485 通信模块故障等原因都可能造成终端和电能表通信异常。主站值班人员可根据数据异常提示，查询出故障电能表基本情况，并通知电能表维护人员现场配合，对电能表、电能表 485 线、485 通信模块等逐一排查，找出故障原因，根据故障原因处理此类缺陷。

（2）电能表二次接线错误。电量采集主站值班人员在梳理母线平衡配置过程中，发现母线配置不平衡。为了能够快速、准确筛查出不平衡原因，电量采集主站系统将 D5000 系统积分数据计算后接入电量系统进行对比。

如图 2-24 所示，通过数据对比，值班人员发现 D5000 功率积分输入电量（反向电量）合计、输出电量（正向电量）合计误差很小，可以满足平衡条件。因为彰林 2 线路电量误差大，造成电量采集系统底码差计算出的输入电量合计和输出电量合计误差很大，母线配置不平衡。

虽然彰林 2 电量数据误差很大，但数据没有异常报警，可以排除电能表和采集终端通信故障引起的数据异常。为进一步确认数据异常原因，值班人员通知现场维护人员配合主站核对电能表底码数据。经核对，电能表底码数据和电量采集主站系统采集的底码一致，数据上传无误，确认数据异常原因是电能表本身计量错误。观察电能表本身并无告警，运行正常，判断是由二次接线错误导致的计量错误，用相位表测量电流、电压相位，发现电流二次线接线有误。调整接线后，重新对母线平衡进行配置。

序号	设备	底码差电量		功率积分	
		正向有功	反向有功	正向有功	反向有功
1	+ 晋林2主	0	0	0	0
2	+ Ⅱ盛林2主	0	5376412.8	0	5348733.95
3	+ Ⅰ盛林2主	0	5356032	0	5364872.87
4	+ 林上1	63360	10560	0	0
5	+ 彰林2	5360	0	1285859.26	0
6	+ Ⅰ林官1	2851200	0	2829076.21	0
7	+ Ⅱ林官2	2819520	0	2823259.67	0
8	+ 林221	1860936	0	1854300	0
9	+ 林222	1864315.2	0	1858699.23	0
合计		9464691.2	10743004.8	10651194.37	10713606.82

图 2-24　电能表二次接线错误电量对比图

如图 2-25 所示，重新配置后，可以看到彰林 2 线路电量误差恢复正常范围，电量采集系统底码差计算出的输入电量合计和输出电量合计误差变得很小，母线已满足平衡条件。

序号	设备	底码差电量		功率积分	
		正向有功	反向有功	正向有功	反向有功
1	晋林2主	0	0	0	0
2	Ⅱ盛林2主	0	4473955.2	0	4513053.05
3	Ⅰ盛林2主	0	4517040	0	4468132.58
4	林上1	63360	42240	0	0
5	彰林2	718080	52800	707183.35	53614.58
6	Ⅰ林官1	2333760	0	2320935.43	0
7	Ⅱ林官2	2291520	0	2288738.64	0
8	林221	1843353.6	0	1839840.8	0
9	林222	1849478.4	0	1845605.63	0
合计		9099552	9086035.2	9002303.85	9034800.21

图 2-25　电能表二次接线调整接线后电量对比图

总结与建议：

电能表采集异常是常见故障之一。电能表二次接线错误、电能表故障、电能表 485 通信线松动、485 通信模块故障等原因，均会导致调度端电量采集主站系统采集到得电量数据异常。

由于电能表厂家很多，设备的485端口安装位置有差异，485通信线径比较小，难与智能电表485端口扭紧；电能表本身运行时间过长，硬件出现故障等原因，导致子站终端设备和电能表通信中断，导致数据无法正常采集；电能表二次接线相序错误，也是导致电能表数据异常的重要原因。

此类缺陷设备并无告警，平时不易排查，只能通过母线平衡配置、积分对比、对端对比等手段加以筛查，确定采集数据异常。再经和现场表计底码核对后，根据电能表数据误差情况，判断故障原因，采取恰当的措施处理此类缺陷。

为提高调度端电量采集系统数据准确性，避免类似问题再次发生，提出以下措施和建议：

（1）完善调度端电量采集主站系统功能，提高系统异常数据报警的准确性、及时性。

（2）加强调度端电量采集主站系统数据梳理工作，发现异常数据，及时检测，及时通知相关现场设维护人员处理。

（3）梳理现有电能表服役情况。在资金允许的情况下，对运行时间较长、超期服役的电能表列入改造计划，尽快进行升级改造。

2.4 时钟同步装置

69. 时间同步装置故障导致主站和厂站端时间差大

关键词：时间同步装置、SOE、时间差大

问题与现象：

开封监控值班人员发现110kV某变电站SOE（事件顺序记录）信号时间与主站接受时间相差近1h。

分析与处理：

变电人员发现，现场时间同步装置故障，时间错误，申报缺陷，协调运维更换装置。该变电站投运超过8年，时间同步装置老化故障，不能正常对时，造成全站时间错误。

总结与建议：

对运行时间较长的时间同步装置应注意巡检和监视。

70. 对时天线磨损引起对时系统报警

关键词：时钟、天线屏蔽网、对时源异常、对时系统报警

问题与现象：

某日，某110kV变电站对时系统报警灯亮，显示对时源异常。

分析与处理：

该变电站对时系统投运近两年，现场检查发现，北斗对时源和GPS对时源搜星数目过少，系统提示对时源异常。检查主时钟与天线接口侧接线牢固，在屋顶检查天线，发现北斗和GPS天线连接线的屏蔽网均严重断裂磨损，现场制作了屏蔽网并进行了焊接。北

斗搜星 9 颗，GPS 搜星 12 颗，对时系统恢复正常。

总结与建议：

（1）建议把屋顶卫星天线纳入巡检环节。

（2）时钟天线连接线的蘑菇头倾斜或被异物覆盖，也会导致对时源异常报警。

71. 对时异常导致的数据跳变

关键词：同步时钟装置、对时、同步异常、数据跳变

问题与现象：

某 220kV 变电站 220kV 东母线电压值多次跳变。

分析与处理：

（1）首先检查远动通信工作站运行情况，未见异常。经向相关调度机构申请，对远动通信工作站进行重启操作。经观察，重启远动通信工作站后，东母电压值仍有跳变。

（2）其次检查东母测控装置运行情况，未见异常。经向相关调度机构申请，对东母测控装置进行重启操作。经观察，重启东母测控装置后，该站东母电压值仍有跳变。

（3）进一步检查发现同步时钟装置到东母 TV 合并单元对时输出端口损坏，造成东母 TV 合并单元对时异常，导致东母 TV 合并单元同步异常，形成多次电压跳变。

（4）更换同步时钟装置到东母 TV 合并单元对时输出端口，东母 TV 合并单元对时异常现象消失，东母电压值恢复正常，后续观察未再出现跳变。

总结与建议：

同步时钟装置异常不仅会导致数据跳变，还会影响 SOE 等信息的准确性、及时性，进而影响对故障的分析判断。同步时钟装置异常对数据准确性的影响较为隐蔽，日常巡视较难发现。建议定期检查同步情况，提前发现、排除隐患。

2.5 站端其他设备（测控装置、合并单元、后台监控、变送器等）

72. 厂站测控设备导致数据异常

关键词：数据异常、测控装置、子站、主站

问题与现象：

由于子站测控装置长期运行，测控器件老化，导致子站送调度端数据异常。此类问题经常由主站运行值班人员通话画面监视、语音告警、状态估计等异常信息反映处理，经运行人员分析后定位故障厂站及具体间隔。

事件一描述：

某日，通过状态估计计算结果，发现 C 站线路量测值异常，报出大量线路不合格量测信息。

事件一分析与处理：

通过分析不合格量测，发现量测值与估计值相差较大，状态估计值为 61MW，实际量

测值为35MW，通过查看SCADA画面，发现该线路断路器、隔离开关均为合位，本侧线路遥测数值为35，线路对侧遥测为－62MW。查看本侧母线有30MW有功不平衡，对侧母线平衡，从而判断C站此线路遥测有问题，查看此线路曲线，发现曲线为水平直线，判断为数据走死。

运行人员立即联系现场自动化人员，描述调度端接收到的异常现场及初步判断，经现场人员查看问题间隔，发现线路测控装置系统走死，重新启动后恢复正常。

事件二描述：

通过上级调度状态估计计算结果，发现D站1号机组及线路报出大量不合格量测，机组、线路有功量测值与估计值残差值过大。

事件二分析与处理：

调度端运行值班人员查看本地画面，该机组断路器、隔离开关处合位，无变位信息，查看机组遥测数据历史采样曲线，发现机组遥测数据曲线频繁跳变，查看该厂站母线不平衡量差值较大。

运行人员判断为站端上送异常导致，后调度端运行值班立即联系现场远动人员，描述调度端接收到的异常现场及初步判断，通过现场检修人员的排查，发现导致遥测跳变的原因为1号机组A相电压互感器故障，导致遥测数据采集异常，后现场检修人员更换电压互感器后，数据恢复正常。

事件三描述：

通过上级调度状态估计计算结果，发现E站某线路量测值正常，状态估计值为零。

事件三分析与处理：

调度端运行值班人员根据上级调度状态估计不合格量测信息，查看本地SCADA画面，定位到量测线路，发现该线路出现有遥测值，但线路断路器为分位。查看对端，对端线路数据正常，判断为现场断路器异常分位。

调度端运行人员立即联系现场检修人员，描述调度端接收到的异常现场及初步判断，通过现场检修人员的排查，发现导致断路器分位的原因为断路器测控装置触点松动，现场检修人员重新紧固触点后数据恢复正常。

总结与建议：

（1）站端根据设备投运时间，以及历史故障发生频率，针对经常出现该问题的设备，加强巡检力度。

（2）站端根据设备投运时间，以及历史故障发生频率，针对经常出现该问题的设备，联系厂家必要对测控装置系统升级维护，或根据实际情况更换硬件。

（3）对于设备异常问题，调度端运行人员做好统计工作，按问题类型、设备厂家、投运年限分类统计，根据统计数据提供给站端适当的处理意见。

73. KVM 故障导致人机界面死屏或画面抖动

关键词： 延长器、KVM、画面抖动、死屏

问题与现象：

多个地调发现，某 KVM（键盘、视频和鼠标端口管理设备）延长器远距离传输画面经常发生抖动或死屏现象。

分析与处理：

经检查发现部分延长器工作一段时间后，运行设备发热，效率低下，处理能力下降，到一定程度后设备处于通道堵塞现象。重启主机或延长器都可以暂时处理该问题，但还会反复，更换延长器设备后才可彻底解决问题，往往造成该设备备件紧张。一般出现故障时简单重启恢复，但解决不了根本问题。该延长器属于远程设备，随着距离的延长，信号衰减严重，且延长器工作一段年限后，自身电气性能下降迅速。

总结与建议：

（1）需要增加备品备件，最好每年增加一定数量。注意电气备件也不宜长时间存放，长时间存放会降低备件性能。

（2）需要对 KVM 厂商进行严格筛选，并签署足够长时间的质保协议。

（3）需额外准备一定量的 KVM 备品备件，以应紧急需求。

（4）建议采用网络型 KVM，解决长距离驱动能力问题。

74. 合并单元角差错误引起无功不平衡

关键词： 厂站端、合并单元、角差、无功不平衡

问题与现象：

某 500kV 变电站 3 号主变压器中压侧停电空载运行时，监控人员发现该主变压器高压侧无功功率有－22MVar 左右的无功功率，超过了主变压器空载运行时正常无功功率。另外，从保护专业进一步了解到，3 号主变压器单独运行时，该站 220kV 西区双套母线保护长期存在差流，频繁报“TA 断线告警”，接近“TA 断线闭锁保护”定值。

分析与处理：

经现场确认，测控和后台监控主机运行正常，后台和远动机数据关联正确。查看测控运行状态，遥测相关状态正常，不存在丢点或者失步告警。PMU 显示的电流及无功功率与测控一致。主变压器高压侧为第 5 串 5051 和 5052 断路器，故障录波器上查看 5051 和 5052 的波形显示，其电流存在 19°左右的差异。两者的合并单元为同一时钟源，其采样的波形存在明显的偏移。因此判断是由于两个合并单元的角差引起的计算延时。

经现场测定，其中一个合并单元存在较大的角差校正系数。追溯原因在于，该 5 变电站 3 号主变压器扩建时，由于基建过程中 3 号主变压器高中低压三侧及本体合并单元部分电流测量通道“角差修正系数”错误修正，保护和测控接收的电流偏移了角度 α（约 4°～5°），产生了一个约 0.06～0.09 倍负荷电流的差流，进而引起计算无功的偏差。

保护分析方面，3 号主变压器保护、500kVⅠ母母线保护、5051 断路器保护等保护定值边界条件较高，该差流影响较小，但根据 220kV 西区母线保护“TA 断线闭锁定值”0.07A（二次值）计算，当主变压器中压侧负荷电流达到约 2000A 时，220kV 西区双套母线保护将可能同时闭锁。

如图 2-26 所示，重新对合并单元“角差修正系数”进行校正后，分别用不同厂家的合并单元测试仪，对 3 号主变压器高中低压三侧及本体合并单元的保护通道和测量通道进行了比差和角差精度验证，所有试验结果正常，主变压器高压侧无功功率和保护差流均恢复正常值。

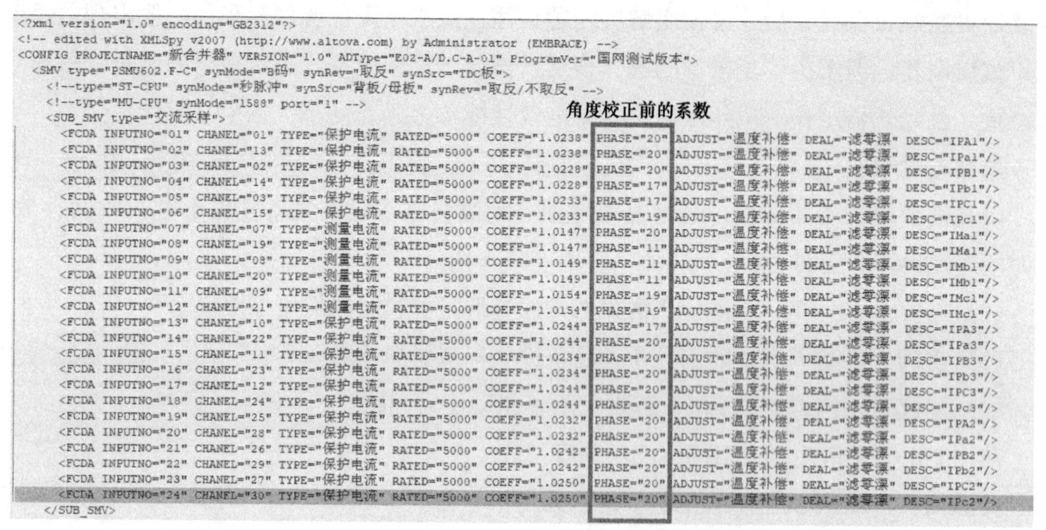


```
<?xml version="1.0" encoding="GB2312"?>
<!-- edited with XMLSpy v2007 (http://www.altova.com) by Administrator (EMBRACE) -->
<CONFIG PROJECTNAME="新合并器" VERSION="1.0" ADType="E02-A/D.C-A-01" ProgramVer="国网测试版本">
  <SMV type="PSMU602.F-C" synMode="B码" synRev="取反" synSrc="TDC板">
    <!--type="ST-CPU" synMode="秒脉冲" synSrc="背板/母板" synRev="取反/不取反" -->
    <!--type="MU-CPU" synMode="1588" port="1" -->
    <SUB_SMV type="交流采样">
      <FCDA INPUTNO="01" CHANEL="01" TYPE="保护电流" RATED="5000" COEFF="1.0238" PHASE="20" ADJUST="温度补偿" DEAL="滤零漂" DESC="IPA1"/>
      <FCDA INPUTNO="02" CHANEL="13" TYPE="保护电流" RATED="5000" COEFF="1.0238" PHASE="20" ADJUST="温度补偿" DEAL="滤零漂" DESC="IPa1"/>
      <FCDA INPUTNO="03" CHANEL="02" TYPE="保护电流" RATED="5000" COEFF="1.0228" PHASE="20" ADJUST="温度补偿" DEAL="滤零漂" DESC="IPB1"/>
      <FCDA INPUTNO="04" CHANEL="14" TYPE="保护电流" RATED="5000" COEFF="1.0228" PHASE="17" ADJUST="温度补偿" DEAL="滤零漂" DESC="IPb1"/>
      <FCDA INPUTNO="05" CHANEL="03" TYPE="保护电流" RATED="5000" COEFF="1.0233" PHASE="17" ADJUST="温度补偿" DEAL="滤零漂" DESC="IPC1"/>
      <FCDA INPUTNO="06" CHANEL="15" TYPE="保护电流" RATED="5000" COEFF="1.0233" PHASE="19" ADJUST="温度补偿" DEAL="滤零漂" DESC="IPc1"/>
      <FCDA INPUTNO="07" CHANEL="07" TYPE="测量电流" RATED="5000" COEFF="1.0147" PHASE="20" ADJUST="温度补偿" DEAL="滤零漂" DESC="IMa1"/>
      <FCDA INPUTNO="08" CHANEL="19" TYPE="测量电流" RATED="5000" COEFF="1.0147" PHASE="11" ADJUST="温度补偿" DEAL="滤零漂" DESC="IMa1"/>
      <FCDA INPUTNO="09" CHANEL="08" TYPE="测量电流" RATED="5000" COEFF="1.0149" PHASE="11" ADJUST="温度补偿" DEAL="滤零漂" DESC="IMb1"/>
      <FCDA INPUTNO="10" CHANEL="20" TYPE="测量电流" RATED="5000" COEFF="1.0149" PHASE="11" ADJUST="温度补偿" DEAL="滤零漂" DESC="IMb1"/>
      <FCDA INPUTNO="11" CHANEL="09" TYPE="测量电流" RATED="5000" COEFF="1.0154" PHASE="19" ADJUST="温度补偿" DEAL="滤零漂" DESC="IMc1"/>
      <FCDA INPUTNO="12" CHANEL="21" TYPE="测量电流" RATED="5000" COEFF="1.0154" PHASE="19" ADJUST="温度补偿" DEAL="滤零漂" DESC="IMc1"/>
      <FCDA INPUTNO="13" CHANEL="10" TYPE="保护电流" RATED="5000" COEFF="1.0244" PHASE="17" ADJUST="温度补偿" DEAL="滤零漂" DESC="IPA3"/>
      <FCDA INPUTNO="14" CHANEL="22" TYPE="保护电流" RATED="5000" COEFF="1.0244" PHASE="20" ADJUST="温度补偿" DEAL="滤零漂" DESC="IPa3"/>
      <FCDA INPUTNO="15" CHANEL="11" TYPE="保护电流" RATED="5000" COEFF="1.0234" PHASE="20" ADJUST="温度补偿" DEAL="滤零漂" DESC="IPB3"/>
      <FCDA INPUTNO="16" CHANEL="23" TYPE="保护电流" RATED="5000" COEFF="1.0234" PHASE="20" ADJUST="温度补偿" DEAL="滤零漂" DESC="IPb3"/>
      <FCDA INPUTNO="17" CHANEL="12" TYPE="保护电流" RATED="5000" COEFF="1.0244" PHASE="20" ADJUST="温度补偿" DEAL="滤零漂" DESC="IPC3"/>
      <FCDA INPUTNO="18" CHANEL="24" TYPE="保护电流" RATED="5000" COEFF="1.0244" PHASE="20" ADJUST="温度补偿" DEAL="滤零漂" DESC="IPc3"/>
      <FCDA INPUTNO="19" CHANEL="25" TYPE="保护电流" RATED="5000" COEFF="1.0232" PHASE="20" ADJUST="温度补偿" DEAL="滤零漂" DESC="IPA2"/>
      <FCDA INPUTNO="20" CHANEL="28" TYPE="保护电流" RATED="5000" COEFF="1.0232" PHASE="20" ADJUST="温度补偿" DEAL="滤零漂" DESC="IPa2"/>
      <FCDA INPUTNO="21" CHANEL="26" TYPE="保护电流" RATED="5000" COEFF="1.0242" PHASE="20" ADJUST="温度补偿" DEAL="滤零漂" DESC="IPB2"/>
      <FCDA INPUTNO="22" CHANEL="29" TYPE="保护电流" RATED="5000" COEFF="1.0242" PHASE="20" ADJUST="温度补偿" DEAL="滤零漂" DESC="IPb2"/>
      <FCDA INPUTNO="23" CHANEL="27" TYPE="保护电流" RATED="5000" COEFF="1.0250" PHASE="20" ADJUST="温度补偿" DEAL="滤零漂" DESC="IPC2"/>
      <FCDA INPUTNO="24" CHANEL="30" TYPE="保护电流" RATED="5000" COEFF="1.0250" PHASE="20" ADJUST="温度补偿" DEAL="滤零漂" DESC="IPc2"/>
    </SUB_SMV>
```


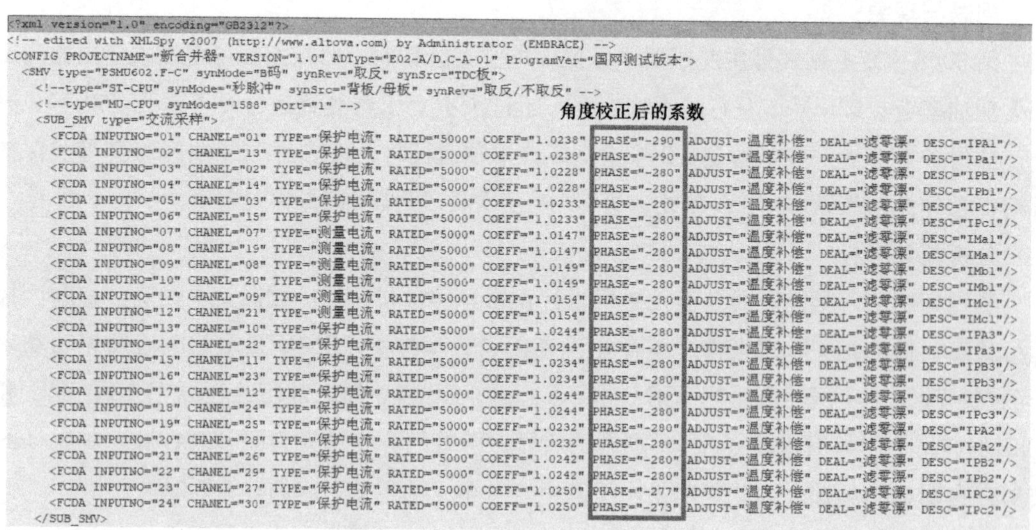


```
<?xml version="1.0" encoding="GB2312"?>
<!-- edited with XMLSpy v2007 (http://www.altova.com) by Administrator (EMBRACE) -->
<CONFIG PROJECTNAME="新合并器" VERSION="1.0" ADType="E02-A/D.C-A-01" ProgramVer="国网测试版本">
  <SMV type="PSMU602.F-C" synMode="B码" synRev="取反" synSrc="TDC板">
    <!--type="ST-CPU" synMode="秒脉冲" synSrc="背板/母板" synRev="取反/不取反" -->
    <!--type="MU-CPU" synMode="1588" port="1" -->
    <SUB_SMV type="交流采样">
      <FCDA INPUTNO="01" CHANEL="01" TYPE="保护电流" RATED="5000" COEFF="1.0238" PHASE="-290" ADJUST="温度补偿" DEAL="滤零漂" DESC="IPA1"/>
      <FCDA INPUTNO="02" CHANEL="13" TYPE="保护电流" RATED="5000" COEFF="1.0238" PHASE="-290" ADJUST="温度补偿" DEAL="滤零漂" DESC="IPa1"/>
      <FCDA INPUTNO="03" CHANEL="02" TYPE="保护电流" RATED="5000" COEFF="1.0228" PHASE="-280" ADJUST="温度补偿" DEAL="滤零漂" DESC="IPB1"/>
      <FCDA INPUTNO="04" CHANEL="14" TYPE="保护电流" RATED="5000" COEFF="1.0228" PHASE="-280" ADJUST="温度补偿" DEAL="滤零漂" DESC="IPb1"/>
      <FCDA INPUTNO="05" CHANEL="03" TYPE="保护电流" RATED="5000" COEFF="1.0233" PHASE="-280" ADJUST="温度补偿" DEAL="滤零漂" DESC="IPC1"/>
      <FCDA INPUTNO="06" CHANEL="15" TYPE="保护电流" RATED="5000" COEFF="1.0233" PHASE="-280" ADJUST="温度补偿" DEAL="滤零漂" DESC="IPc1"/>
      <FCDA INPUTNO="07" CHANEL="07" TYPE="测量电流" RATED="5000" COEFF="1.0147" PHASE="-280" ADJUST="温度补偿" DEAL="滤零漂" DESC="IMa1"/>
      <FCDA INPUTNO="08" CHANEL="19" TYPE="测量电流" RATED="5000" COEFF="1.0147" PHASE="-280" ADJUST="温度补偿" DEAL="滤零漂" DESC="IMa1"/>
      <FCDA INPUTNO="09" CHANEL="08" TYPE="测量电流" RATED="5000" COEFF="1.0149" PHASE="-280" ADJUST="温度补偿" DEAL="滤零漂" DESC="IMb1"/>
      <FCDA INPUTNO="10" CHANEL="20" TYPE="测量电流" RATED="5000" COEFF="1.0149" PHASE="-280" ADJUST="温度补偿" DEAL="滤零漂" DESC="IMb1"/>
      <FCDA INPUTNO="11" CHANEL="09" TYPE="测量电流" RATED="5000" COEFF="1.0154" PHASE="-280" ADJUST="温度补偿" DEAL="滤零漂" DESC="IMc1"/>
      <FCDA INPUTNO="12" CHANEL="21" TYPE="测量电流" RATED="5000" COEFF="1.0154" PHASE="-280" ADJUST="温度补偿" DEAL="滤零漂" DESC="IMc1"/>
      <FCDA INPUTNO="13" CHANEL="10" TYPE="保护电流" RATED="5000" COEFF="1.0244" PHASE="-280" ADJUST="温度补偿" DEAL="滤零漂" DESC="IPA3"/>
      <FCDA INPUTNO="14" CHANEL="22" TYPE="保护电流" RATED="5000" COEFF="1.0244" PHASE="-280" ADJUST="温度补偿" DEAL="滤零漂" DESC="IPa3"/>
      <FCDA INPUTNO="15" CHANEL="11" TYPE="保护电流" RATED="5000" COEFF="1.0234" PHASE="-280" ADJUST="温度补偿" DEAL="滤零漂" DESC="IPB3"/>
      <FCDA INPUTNO="16" CHANEL="23" TYPE="保护电流" RATED="5000" COEFF="1.0234" PHASE="-280" ADJUST="温度补偿" DEAL="滤零漂" DESC="IPb3"/>
      <FCDA INPUTNO="17" CHANEL="12" TYPE="保护电流" RATED="5000" COEFF="1.0244" PHASE="-280" ADJUST="温度补偿" DEAL="滤零漂" DESC="IPC3"/>
      <FCDA INPUTNO="18" CHANEL="24" TYPE="保护电流" RATED="5000" COEFF="1.0244" PHASE="-280" ADJUST="温度补偿" DEAL="滤零漂" DESC="IPc3"/>
      <FCDA INPUTNO="19" CHANEL="25" TYPE="保护电流" RATED="5000" COEFF="1.0232" PHASE="-280" ADJUST="温度补偿" DEAL="滤零漂" DESC="IPA2"/>
      <FCDA INPUTNO="20" CHANEL="28" TYPE="保护电流" RATED="5000" COEFF="1.0232" PHASE="-280" ADJUST="温度补偿" DEAL="滤零漂" DESC="IPa2"/>
      <FCDA INPUTNO="21" CHANEL="26" TYPE="保护电流" RATED="5000" COEFF="1.0242" PHASE="-280" ADJUST="温度补偿" DEAL="滤零漂" DESC="IPB2"/>
      <FCDA INPUTNO="22" CHANEL="29" TYPE="保护电流" RATED="5000" COEFF="1.0242" PHASE="-280" ADJUST="温度补偿" DEAL="滤零漂" DESC="IPb2"/>
      <FCDA INPUTNO="23" CHANEL="27" TYPE="保护电流" RATED="5000" COEFF="1.0250" PHASE="-277" ADJUST="温度补偿" DEAL="滤零漂" DESC="IPC2"/>
      <FCDA INPUTNO="24" CHANEL="30" TYPE="保护电流" RATED="5000" COEFF="1.0250" PHASE="-273" ADJUST="温度补偿" DEAL="滤零漂" DESC="IPc2"/>
    </SUB_SMV>
```


图 2-26　合并单元扩建现场角度校正

总结与建议：

（1）加强合并单元测试仪的检定，建议将合并单元测试仪纳入技术监督范围。

(2) 在对合并单元、测控装置等设备的默认参数修正时要慎重，最好经过不同厂家检测设备的多次确认。

75. 保护信息子站跨平面引起安防平台告警

关键词：安全防护、保信子站、跨双平面、安防告警

问题与现象：

某日，自动化值班人员通知某变电站安防平台存在大量跨平面访问告警。

分析与处理：

检查告警内容确定为保护信息子站引起。保护信息子站为新安装主机，厂家人员配置时，同一网口上同时配置了省调接入网和地调接入网 IP。修改配置后告警消失。现场告知了厂家人员自动化工作注意事项。自动化人员根据自动化工作要求对信息子站调试写了注意事项，并发给保护人员和相关厂家。

总结与建议：

此问题是由厂家人员对设备不熟悉从而调试错误引起的。建议与调度数据网连接的业务主机设备均不能配置跨平面 IP 和默认路由，以免引起内网安防平台告警。

76. 后台监控机系统盘空间不足导致系统卡顿

关键词：厂站端、后台监控主机、磁盘空间不足、系统卡顿

问题与现象：

2015 年 9 月，110kV 某变电站后台监控机鼠标响应速度慢，画面卡顿。

分析与处理：

处理人员到达现场后发现监控主机报系统空间不足，打开系统软件安装盘发现磁盘可用空间不足，经过对无用文件及缓存进行清理，重启主机后监控系统恢复正常。

总结与建议：

需对各主机的 CPU 使用率、磁盘可用空间等信息进行监视，若发现已用率过大，则进行报警和处理。

77. 网络拓扑错误导致告警直传信息不刷新

关键词：厂站端、后台监控、网络拓扑、告警直传不刷新

问题与现象：

2018 年，某地区 220kV 变电站告警直传信息不刷新，检修人员检查图形网关机未发现异常。

分析与处理：

联系厂家现场处理，发现站端监控后台机程序走死，重启后台机后告警直传信息恢复正常。原来该综自系统的图形网关机未直接接入站端的工控交换机，而是通过站端的监控后台机进行信息转发，所以当进行转发信息的后台机出现故障时就会造成告警直传信息传输中断。

总结与建议：

建议厂家完善站端网络拓扑结构，将图形网关机直接接到工控交换机上。

78. 光纤通信中断引起差动保护装置 SV（采样值）断链

关键词：厂站端、光纤通信中断、差动包含装置、SV 断链

问题与现象：

2018 年 3 月，某调度监控发现 220kV 变电站频繁报出差动保护装置 SV 断链信息。

分析与处理：

检修人员到达现场后，发现该变电站的差动保护装置电源正常，显示正常，且显示屏上显示 SV 断链信号。经查发现差动保护装置的光纤通信中断，后将光纤进行备用口更换后，SV 断链信号复归。

总结与建议：

智能变电站监控信息不同于常规变电站，更需要监控人员进一步学习和分析，掌握初步的监控信息处理和判别方法。SV 断链信号多数反映了光纤链路故障。

79. 二次接线松动导致遥信频繁变位

关键词：厂站端、二次接线松动、遥信频繁变位

问题与现象：

2018 年，某 220 断路器北隔离开关在运行过程中，出现刀闸位置信号频繁变位问题。

分析与处理：

经过保护人员现场检查二次回路，发现 220 北隔离开关机构箱二次接线有松动迹象，保护人员对二次回路紧固后，问题不再发生。

总结与建议：

设备二次回路在运行过程中，随季节性变化，二次回路接线会有不同程度的松动现象，保护人员在设备定期检验时，要加强对二次回路紧固性检查，提前防范，减少二次回路问题。

80. 规约转换器程序故障引起遥信频繁变位

关键词：厂站端、规约转换器、遥信频繁变位

问题与现象：

某变电站站内二次设备及自动化设备均采用某电气公司生产的设备，站内各间隔层设备需经过规约转换器转换后才能与站控层设备组网，2017 年 8 月站内 10kV Ⅱ段交流接地，调控中心进行选线操作时，发现 10kV 断路器控制成功后位置仍频繁变位。

分析与处理：

2017 年 8 月缺陷发生后，联系该电气厂家到现场进行分析鉴定，因此异常情况不定时发生，经多次抓包诊断，初步确定为远动机硬件故障，更换远动机一个月后故障仍存在，再次鉴定又定性为 1 号主变压器低压侧通信板故障影响 10kV 分路板信息正常上送，2018

年初进行停电更换主变压器保护通信插件后，测试正常，后试运行期间又发生此类异常现场。再次进行多次现场鉴定、研发讨论，定性为规约转换器程序存在 bug，需升级程序。2018 年 6 月进行程序升级后，至今未发生异常。

总结与建议：

规约转换器的作用为不同厂家的间隔层二次设备与站控层设备进行通信时，进行不同厂家规约的转换和识别，但该变电站间隔层、站控层设备均为某电气公司生产的设备，其本厂设备仍存在不兼容，增设规约转换器又增加了故障点。另外后台机、远动机等设备多次曾发生程序 bug 造成故障点无法及时定位，建议某电气公司提高设备的软硬件质量，保证电力设备的可靠运行。

81. 测控装置配置不完善导致调压异常

关键词：厂站端、测控装置、触发时间、调压异常

问题与现象：

2018 年 8 月，调控中心对某变电站 2 号主变压器进行远方调压时发现，遥控执行经常超时，成功率低。

分析与处理：

缺陷发生后，自动化人员到现场进行检查，从站内监控后台进行调压遥控操作时，经常第一次无法成功，再次操作时一般可以调压，故障现象基本上和调控中心一致，初步排除远动机发生故障。之后从 2 号主变压器测控屏调压按钮上进行测试，未见不成功现象，排除二次回路异常，进一步定位为测控装置故障。查看测控装置记录，发现在站内监控后台进行测试操作时，无论是否遥控成功，测控装置上均有遥控出口命令，因此怀疑遥控出口板故障或装置参数设置不当。因未准备遥控出口板，尝试修改调压遥控出口继电器保持时间后，测试故障恢复正常。

某变电站监控系统更换未满两年，期间进行调压操作均为发生异常，因一次设备的动作保持功能都在一次设备本身的电机回路中，测控装置只是单一的进行脉冲触发，此脉冲触发时间默认为 200ms，初步怀疑可能设备在运行过程中，某个环节出现相应卡顿，将测控脉冲触发时间增加到 300ms 后，可能躲过卡顿现象。

总结与建议：

通过自上而下逐级排查方法，最终确定为厂站端的测控装置问题。

82. 二次回路接线端子松动导致的数据异常

关键词：二次回路、接线端子、数据异常

问题与现象：

如图 2-27 所示，某日某地调状态估计遥测合格率从 100％降至 99.64％。同时发现该地区某 220kV 变电站本站及周边变电站不合格量测较多。如图 2-28 所示，其中该站东母线电压量测值为 153.41kV，状态估计值为 230.35kV。

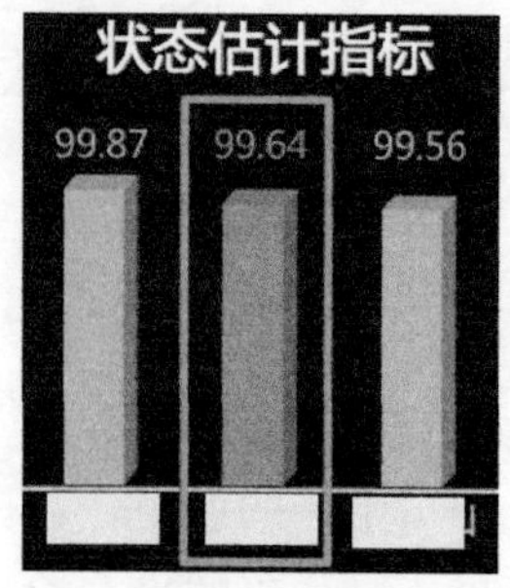

图 2-27　某地调状态估计遥测合格率

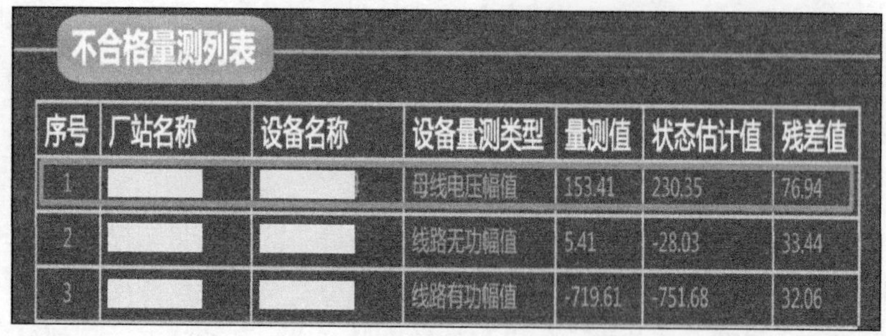

不合格量测列表

序号	厂站名称	设备名称	设备量测类型	量测值	状态估计值	残差值
1			母线电压幅值	153.41	230.35	76.94
2			线路无功幅值	5.41	-28.03	33.44
3			线路有功幅值	-719.61	-751.68	32.06

图 2-28　东母线电压量不合格量测列表

分析与处理：

（1）该站 220kV 东、西母线并列运行。经核对，该站西母线电压值及其他遥测值均正常，初步判断该站东母测控装置异常导致线电压值异常。

（2）经运检人员开展现场检查测试，发现该站东母 TV 回路 A 相测量接线端子接触不良，U_{ab}值为 0。

（3）后对接线端子进行紧固后，该站东母线电压值恢复正常，相关量测状态估计合格。

总结与建议：

二次回路是电力系统重要组成部分，二次回路安全、稳定运行对保障安全生产、经济运行和可靠供电具有重要意义。二次回路接线端子接触不良故障在日常运行中较为多发，建议设备管理单位加强巡检工作，定期检查接线端子紧固情况，提前发现，排除隐患。

83. 子站违规操作造成的数据跳变

关键词：违规操作、系数、数据跳变。

问题与现象：

某日，某地区新能源发电有功值跳变，跳变幅度为 3300MW。

分析与处理：

（1）该新能源发电有功值为计算值，检查公式分量发现某光伏电站（110kV）数据跳变。

（2）该站为新建电站，事发时正在开展自动化系统接入调试工作。

（3）站内调试人员在未联系相关调度机构封锁数据情况下，违规在主变测控柜测控装置上手动置遥测点（A 相测量电流一次值），数据值为 30A，传送至该站监控系统中数据为 30000A。

（4）因该站监控系统未按要求配置系数（0.001），导致原始数据值 30000A 直接上送主站，造成数据跳变。

（5）确定原因后，暂停该站自动化系统接入调试工作，撤除违规添加的遥测量。

总结与建议：

（1）本次事件暴露出站端管理人员未认真学习自动化相关标准和规范，未对调试工作人员进行严格要求等问题。后续由该站开展相关安全工作规程及调试要求宣贯，加强对接入调试工作管理。

（2）在开展接入调试工作时，若会对涉网数据有影响，需联系相关调度机构采取相关措施，如封锁数据后再开展工作。

（3）按照相关规定，对该站进行输出上限值设定工作（容量 60MW 增加 10%作为输出上限进行设定）。

84. 220kV 某线甲隔离开关频繁分合

关键词： 隔离开关、数据跳变

问题与现象：

某日，220kV A 变电站远动机频繁报送Ⅰ线路甲隔离开关频繁分合闸。

分析与处理：

事件发生后，运维人员断开所有隔离开关操作电源，并将Ⅰ线停止运行，对一、二次设备进行了全面检查。

经对现场一次设备检查，220kVⅠ线 2 甲、东隔离开关动静触头未见放电烧蚀痕迹，仅Ⅰ线 2 甲隔离开关静触头引弧板处存在大量放电痕迹。后对放电次数多的Ⅰ线 2 甲隔离开关进行了回路电阻测试，三相由隔离开关东西两侧接线板间回路电阻分别为 85.2μΩ、86.7μΩ、85.1μΩ，远低于制造厂商的规定值，与投运前组织测量数值相同，设备正常。

经对现场二次设备检查，如图 2-29 所示，Ⅰ线 2 保护装置无异常；站内监控后台未见其他异常信号，Ⅰ线 2 隔离开关频繁变位信号能正确显示；Ⅰ线 2 测控装置运行正常，如图 2-30 所示，测控事件记录中无任何操作记录。

图 2-29　Ⅰ线 2 后台监控信息

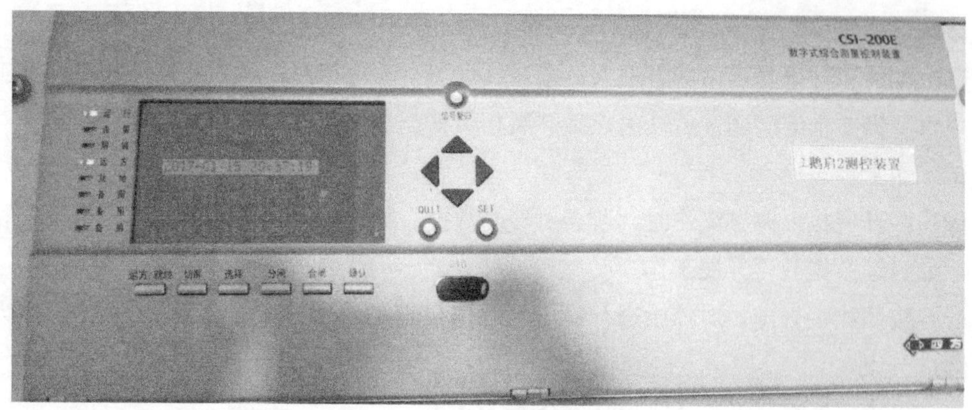

图 2-30　Ⅰ线 2 测控事件报告

经对Ⅰ线 2 隔离开关控制电缆进行绝缘测试，发现多根电缆芯绝缘电阻为零，对电缆进行巡查后，在端子箱隔离开关控制电缆屏蔽线接头处发现电缆严重破损，如图 2-31 所示，电缆包头内有凝露未干迹象。

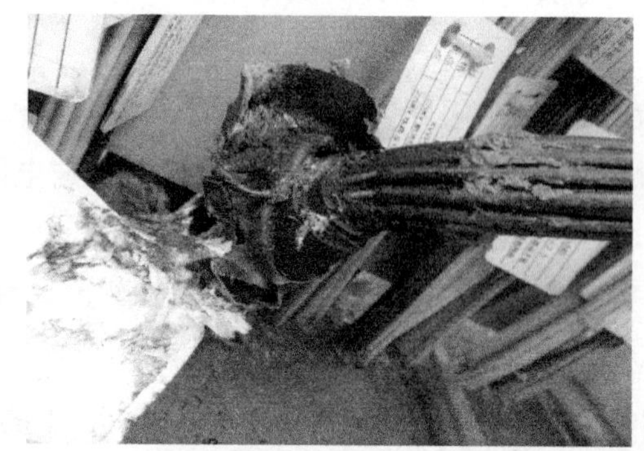

图 2-31　Ⅰ线隔离开关控制电缆受损

从图 2-31 和表 2-1 可以看出，Ⅰ线 2 隔离开关控制电缆在端子箱屏蔽线接头处出现严重破损现象，铜芯裸露，由于接头处位于端子箱防火泥内，户外电缆沟内湿气由端子箱下方侵入电缆头内，造成多根电缆芯接地短路，Ⅰ线 2 甲隔离开关分、合回路通过西刀操作公共极持续提供交流 220V 操作电源，致使Ⅰ线 2 甲隔离开关频繁分合。同时Ⅰ线 2 东隔离开关分闸回路也通过西刀操作公共极持续提供交流 220V 电操作电源，致使Ⅰ线 2 东隔离开关也进行了一次分闸事件。

表 2-1　Ⅰ线 2 隔离开关控制电缆绝缘测试结果

电缆说明	电缆芯型号	含义	绝缘阻值测试
Ⅰ线 2 西隔离开关、东隔离开关、甲隔离开关控制公用一根电缆，操作回路为交流 220V 供电	1G-N	西隔离开关闭锁（预留）	合格
	1G3	西隔离开关闭锁（预留）	0（短路）
	810	西隔离开关操作公共极（交流 L220V）	0（短路）
	813	西隔离开关操作合	合格

续表

电缆说明	电缆芯型号	含义	绝缘阻值测试
Ⅰ线 2 西隔离开关、东隔离开关、甲隔离开关控制公用一根电缆，操作回路为交流 220V 供电	815	西隔离开关操作分	合格
	2G-N	东隔离开关闭锁（预留）	合格
	2G3	东隔离开关闭锁（预留）	合格
	820	东隔离开关操作公共极（交流 L220V）	合格
	823	东隔离开关操作合	合格
	825	东隔离开关操作分	0（短路）
	3G-N	甲隔离开关闭锁（预留）	合格
	3G3	甲隔离开关闭锁（预留）	0（短路）
	830	甲隔离开关操作公共极（交流 L220V）	合格
	833	甲隔离开关操作合	0（短路）
	835	甲隔离开关操作分	0（短路）

总结与建议：

（1）完善施工、验收规范，避免将二次电缆屏蔽线接头埋在防火泥或电缆沟中，保证接头处干燥，降低事故发生率。

（2）建议正常运行时切断隔离开关操作电源或将隔离开关机构操作把手置于就地位置，对隔离开关正常运行没影响，且能防止二次电缆持续带电情况下发生短路，造成设备误分合。

3 调度数据网

3.1 核心、汇聚网络设备

85. 汇聚路由器风扇故障造成大面积厂站通道中断

关键词：汇聚路由器、风扇、高温、通道中断

问题与现象：

某日 20：51：32 某地调厂站省调接入网通道大面积中断，20：52：05 陆续开始恢复，20：54：17 已全部恢复正常。

分析与处理：

上述通道中断的厂站均通过某省调接入网汇聚路由器上联。通过网管平台查询，该路由器在该时刻有离线记录，且有高温告警（140℃）。因时值夏季高温时段，初步判断该路由器所在机房空调故障导致高温。经运检人员检查机房空调运行正常，机房温度符合运行要求。进一步检查发现该路由器主主控板风扇故障，导致主主控板高温退运。后切换至备用主控板运行，切换过程中所有下联厂站网络短时中断。更换风扇后，该路由器状态恢复正常。

总结与建议：

随着电子设备性能的不断提升，发热量也在不断增加。电子元器件对温度较为敏感，如果超过额定温度，工作原理、工作特性就会发生改变，严重的甚至会导致设备宕机或造成损坏等。因此电子设备的散热系统是保证设备安全、稳定运行的基础。

设备风扇故障较为常见，建议设备管理单位加强巡视，及时发现故障，及时进行更换。

86. 路由器网线接口松动导致大面积厂站频繁投退

关键词：路由器、网线接口松动、频繁投退

问题与现象：

某日 14：00，某地区 8 个厂站 104 地网中断，半分钟后陆续恢复；21：00，该地区 12 个厂站 104 地网中断，半分钟后陆续恢复。

分析与处理：

检查发现二平面路由器至地调一核心的端口频繁启停，重新做网络头后，观察此情况消除，厂站未再发生大面积通道启停情况。

总结与建议：

个别元器件的长时间运行，造成老化或接口松动，会引起故障发生；接口转换器接触不良也会导致网络中断。

87. 汇聚节点设备间网线松动

关键词： 路由器、加密机、交换机、网线、测线仪

问题与现象：

某日，A县调下联厂站的业务数据不稳定，表现为业务时通时断。县调下联厂站至地调通道正常，并无异常现象。

分析与处理：

县调下联厂站的业务数据不稳定，县调下联厂站至地调通道正常，此故障涉及县局所有厂站，因此排除下联厂站节点故障。分析判断应为县调汇聚节点故障，故障原因可能为路由器、加密机、交换机及互连线缆故障。

登录路由器、交换机分析日志，发现路由器、交换机的接口存在 up/down 现象，且在路由器、交换机上 ping 互连地址，发现有丢包现象。因此判断应该为互连线缆故障，如线缆破损、线缆接头接触不好等，如图 3-1 所示。

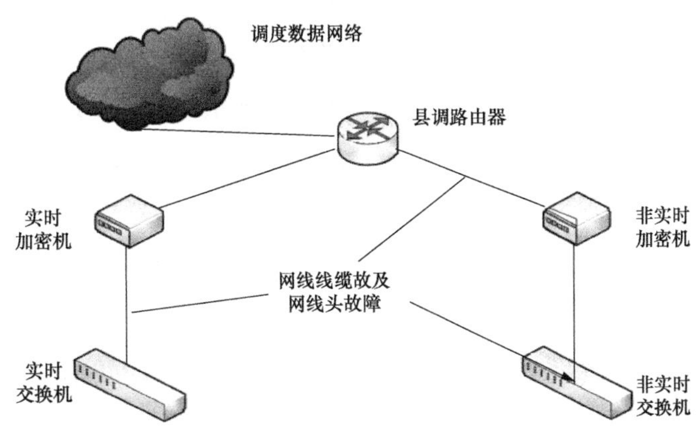

图 3-1　A 县调下联厂站汇聚节点设备网络拓扑

联系现场人员排查此段线缆，用测线仪测试线缆的通信情况，发现线缆通信质量不良，现场更换线缆或重新插拔之后，测试网络恢复正常。

现场联系县调观察县调厂站业务数据上传恢复正常，故此故障解决。

总结与建议：

县调汇聚节点承载整个县局所有厂站的业务，因此当其某一环节出现时，可能会导致下联厂站大面积出现故障。

通信线缆属于易损物件，需要做好防护措施，定期对路由器、交换机、加密机、设备之间互连网线巡检、更换。

88. 汇聚节点专网机柜掉电

关键词：路由器、交换机、PDU

问题与现象：

某日，C 县调下联厂站至县调业务全部不通，至地调业务正常。

图 3-2　调度数据专网机柜双 PDU 电源

分析与处理：

因为厂站至地调业务正常，至县调故障，初步分析，故障点应该在县调节点。同时查看调度数据专网，发现县调路由器设备离线。

首先应排查设备离线原因，解决设备离线故障，联系县调人员进行处理。排查发现，调度数据专网机柜 PDU（电源分配单元）掉电，导致无法给专网设备正常供电，导致设备离线，如图 3-2 所示，双 PDU 电源。

调度数据专网机柜 PDU 重新加电之后，县调路由器网络恢复正常，测试厂站至县调业务恢复正常，此故障解决。

总结与建议：

县调汇聚节点是接收整个县调厂站业务数据的重要节点，汇聚节点出现故障时会涉及整个县所有的厂站。因此，要加强县调节点设备及辅助设施的维护，如加强机房环境（温度、湿度、线缆）的巡检，对于使用年限较长的设施进行更换，如 PDU、网线、2M 线缆等，还要对设备进行定期除尘。

89. 汇聚节点专网设备故障

关键词：路由器、交换机、板卡、加密机

问题与现象：

县调下联厂站至县调业务不通，至地调业务正常。

分析与处理：

因为厂站至地调业务正常，至县调故障，初步分析，故障点应该在县调节点。同时查看调度数据专网，发现县调路由器或交换机设备离线。

所以，首先应排查设备离线原因，解决设备离线故障，联系县调人员进行处理。排查发现设备指示灯显示异常，且设备有自启现象。以下分两种情况：

（1）指导对方通过调试口登录设备，通过在系统内输入命令，发现设备的温度较高。因此告知对方对该设备进行关机，然后进行设备除尘操作。除尘结束之后，设备加电，设备不再发生自启现象，测试网络恢复正常，测试厂站至县调业务恢复正常。

（2）指导对方通过调试口登录设备，发现无法进入系统。因此判断应为设备故障，如

果有条件，可以再对主控板及业务板卡进行替换测试，然后告知对方进行设备维修。待对方修完之后，再进行专网设备并网。

总结与建议：

县调汇聚节点是重要的节点，当汇聚节点出现故障时，会影响整个县局厂站的业务上传。

因此，要强化县调调度数据网机房的巡检、设备的巡检、线缆的巡检，以确保其能够稳定、高效地运转。对于有告警的设备应及时发现，对于存在问题的设施应及时处理，防患于未然。

90. 专网设备与前置机之间网线松动

关键词：路由器、交换机、加密机、网线、测线仪

问题与现象：

厂站访问地调前置 1 的网络正常，访问前置 2 的网络延时高，且存在丢包现象；地调前置 1 访问前置 2 存在丢包现象；整个地市的厂站业务至地调业务故障，有频断、丢包现象。

分析与处理：

厂站访问地调前置 1 网络正常，但是访问前置 2 异常，因此可以证明厂站至地调的调度数据网正常。地调前置 1 访问前置 2 存在丢包现象。

初步判断是地调节点故障，登录地调主站实时交换机测试，ping 前置服务器 1 网络正常，ping 前置服务器 2 网络出现丢包现象，故障定位于实时交换机与前置服务器 2 之间，如图 3-3 所示。联系地调人员排查两者之间的线缆、接头，用测线仪测试网线，发现线缆通信质量不良。更换网线之后，测试网络恢复正常，测试厂站访问地调业务恢复正常。

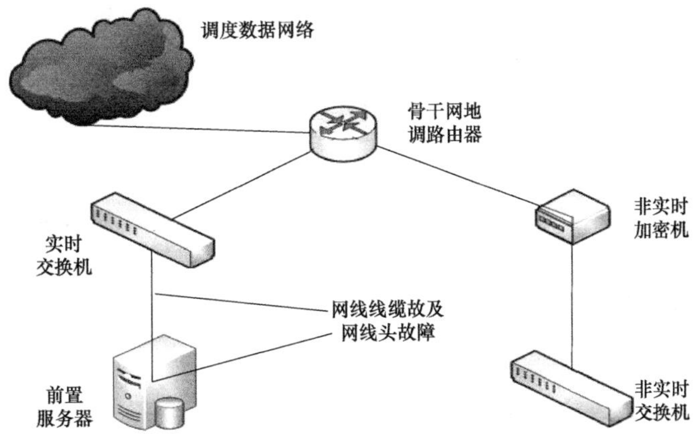

图 3-3　地调专网设备与前置机故障

总结与建议：

地调节点接收整个地市厂站的数据，因此须保证其网络的稳定性、健壮性，这样才可以保证高效、稳定、快速地传输。

要加强地调专网设备、线缆的巡检及维护，对于有告警的设备及时处理，对于破损的线缆及时更换，对于机房环境不达标的情况及时反映并处理。

91. 地调核心路由器离线

关键词：路由器、光纤、光模块、PDU、UPS

问题与现象：

某个地市地网全部厂站至省调业务中断 2min，之后恢复正常。

分析与处理：

某个地市的地网全部厂站至省调业务不通，分析应该为网络核心层故障导致，分为以下 4 种情况：

（1）地调核心路由器至二平面骨干网路由器链路中断，导致整个地市的地网业务中断 2min。

（2）地调核心路由器主控板故障，主备主控板切换时，整个地市业务中断 2min。

（3）地调核心路由器与二平面路由器互连的光纤或者光模块故障，更换光纤、光模块之后恢复正常。

（4）地调核心路由器设备硬件故障，设备无法正常运行，导致整个地市的业务出口切换至第二核心，切换过程中，整个地市的业务中断 2min。

总结与建议：

调度数据网的正常运行，是厂站业务传输的先决条件。地调节点在网络中处于重要的一环，即核心节点。它承载着整个地市的业务传输，当其板卡、线缆出现故障时，可能会影响整个地市业务的传输。

因此要加强地调专网设备、线缆的巡检及维护，对于有告警的设备及时处理，对于破损的光纤、光模块及时更换，对于机房环境不达标的情况及时反映并处理。

92. 省、地汇聚节点设备故障

关键词：路由器、光纤、光模块、光端机

问题与现象：

地市的省网厂站业务全部中断；地市的地网厂站业务大面积出现中断。

分析与处理：

某个地市的厂站业务大面及中断，分析中断的厂站，发现其在同一个汇聚节点下面。故障原因分为以下两类：

（1）登录汇聚设备分析日志信息，发现其中一块业务板卡故障，导致下联在此板卡下的厂站业务全部中断。对该板卡进行替换测试之后，发现板卡依旧故障，故需返修故障板卡，并将故障板卡下联光纤切换至另一正常板卡。

（2）登录汇聚设备分析设备信息，发现设备硬件信息及板卡正常，对故障链路所在的业务板卡及光纤、光模块进行替换测试之后，但是其中一块业务板卡下联厂站业务不通，

联系通信配合排查，发现通信光端机板卡故障，通信更换板卡之后，测试网络恢复正常，测试业务恢复正常。

总结与建议：

调度数据网汇聚节点在网络中扮演着汇聚的角色，下联厂站较多，其能否正常运行事关重大。

因此，要定期加强汇聚节点专网设备、线缆的巡检及维护，对于有告警的设备及时处理，对于破损的光纤、光模块及时更换，对于机房环境不达标的情况及时反映并处理。

93. 汇聚节点专网设备主控板故障

关键词：路由器、主控板、汇聚层、接入层

问题与现象：

某日，某一地市汇聚下联厂站至省调业务出现大面积短时中断。

分析与处理：

分析某一地市厂站至省调业务发生大面积闪断故障的原因，可能为汇聚节点故障。因此，分析中断厂站查找共性，发现它们在某一汇聚下。登录汇聚设备分析日志信息，发现主控板故障，备主控板启用，如图 3-4 所示。

```
System-mode(Current/After Reboot): Normal/Normal
Slot No.  Board type   Status     Primary   SubSlots
----------------------------------------------------
1         RSE-X1       Normal     Master    0
2         FIP-210      Normal     N/A       2
3         FIP-210      Normal     N/A       2
4         N/A          Absent     N/A       N/A
5         N/A          Absent     N/A       N/A
```

图 3-4　汇聚设备分析日志

在主备主控板切换过程中，汇聚下联厂站离线，即出现大面积厂站短时中断。联系售后，对故障板卡进行维修、更换。

总结与建议：

主控板在汇聚设备时有着至关重要的作用，它能够控制转发数据。调度数据网核心、汇聚层网络设备均为双主控板，当主主控板故障时，备主控板会立即自动启用。

因此，要定期加强汇聚节点专网设备的主控板、业务板卡、线缆的巡检及维护，对于有告警的板卡及时发现、处理，故障的板卡及时返修，同时备好备件。

94. 省、地汇聚节点至核心主用链路故障

关键词：路由器、光纤、光模块、光端机

问题与现象：

某一地市下联厂站至省调业务出现大面积短时中断，或者部分厂站出现频断现象。

分析与处理：

根据上述问题及现象分析，故障厂站位于同一个汇聚下。登录汇聚设备分析日志信

息，可以分为两类：

（1）发现汇聚至核心的主用链路故障，导致业务从主用链路切换至备用链路，从而导致汇聚下联厂站大面积中断，如图 3-5 所示。排查故障原因是主用链路的业务板卡故障，对故障板卡进行替换测试，确认为故障板卡故障，最后进行故障板卡维修处理。

（2）发现汇聚至核心的主用链路时通时断，导致主、备链路频繁切换，从而出现下联频断现象。通过调整路由，将备用链路改为主用链路，排查故障链路，故障原因可能为光纤破损、光模块故障、板卡故障。对故障点光纤、光模块进行更换，对故障板卡进行替换测试、维修处理。

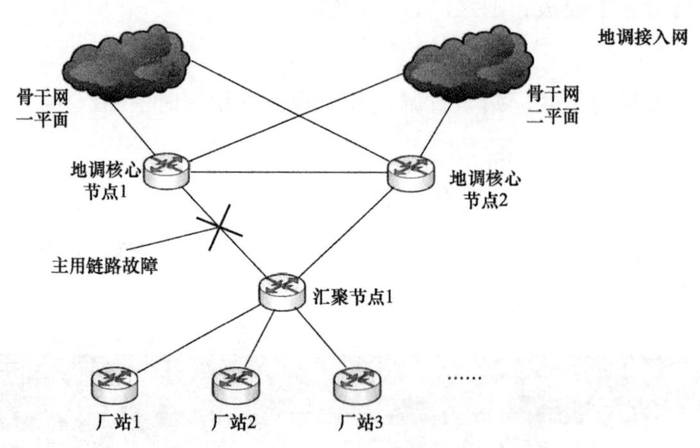

图 3-5 汇聚节点至核心主用链路故障

总结与建议：

汇聚设备的业务板卡有着至关重要的作用，其能够进行数据转发。调度数据网核心、汇聚层网络设备均为双业务板卡，当其中一块业务板卡故障时，会影响汇聚下联厂站的一半业务。

因此，要定期加强汇聚节点专网设备的主控板、业务板卡、线缆的巡检及维护，对于有告警的板卡及时发现、处理。

发生汇聚层板卡故障时，现场人员需积极配合，第一时间进行厂站业务数据恢复，然后进行故障原因定位、处理。

95. 地调骨干网二平面路由器离线

关键词：路由器、PDU、光纤、光模块

问题与现象：

某地市的所有地网厂站至省调业务中断 2min 左右，然后厂站业务恢复正常。

分析与处理：

根据上述问题及故障现象，故障点应该为该地市的骨干网和核心层设备。

地调核心路由器连接地调的二平面路由器，地调核心地市地调核心路由器是地市的第

一出口，地市的第二核心是第二出口。当地市的第一核心出口出现故障时，所有厂站的业务会出现短时中断，此时业务会切换至第二出口，大约 2min 之后，所有厂站业务恢复正常。

本次主要分析骨干网层设备故障，具体原因分为以下 3 种：

（1）设备掉电。自动化机房调度数据网机柜掉电，可能为机柜内部 PDU 插排故障，更换 PDU 插排之后恢复正常；也可能是机柜的 UPS 故障，UPS 自动切换失败，导致机柜掉电，最终导致第一出口失效，厂站业务切换第二出口。处理 PDU、UPS 故障之后，测试网络恢复正常。

（2）设备与光端机互连的光纤或者光模块故障。地调二平面路由器至通信通信设备的光纤链路故障，检查有破损、折痕、LC 头脏污，导致光纤无法正常传输数据；连接地调二平面路由器光模块故障，导致接口下大量的错误包，收、发光异常，无法正常传输数据，最终导致地市的所有厂站业务不稳定。更换光纤、光模块之后，测试网络恢复正常。

（3）通信故障。通信配合排查，发现通信侧光模块故障，通信光端机板卡或设备故障，通信人员处理之后，测试网络恢复正常。

总结与建议：

调度数据网的双核心设备是地市业务数据的出口，当第一出口出现故障时，会影响整个地市的业务传输，出现短时中断。

因此，要保证重要设备的机柜双路电源，且来自不同的 UPS，定期对双核心机房环境、机房设备、线缆进行巡检，周期性地对重要设备进行除尘操作。

96. 地调骨干网一平面路由器离线

关键词：路由器、PDU、光模块、光纤

问题与现象：

某地市的所有省网厂站至省调业务正常，至地调业务中断。

分析与处理：

根据上述问题及现象分析，地市省网厂站专网正常，故障点应该位于地调节点，故障节点是地调一平面路由器。

地调一平面业务传输的过程是：由省网厂站传输至骨干网一平面，再由骨干网一平面路由器下发给各个地市的主站。因此地市一平面路由器是地调主站一平面业务的入口。

一平面路由器故障原因分为以下几类：

（1）设备掉电。自动化机房调度数据网机柜掉电，可能为机柜内部 PDU 插排故障，更换 PDU 插排之后恢复正常；也可能是机柜的 UPS 故障，UPS 自动切换失败，导致机柜掉电，最终导致地调主站一平面入口故障，即无法接收到厂站的一平面业务数据。更换故障 PDU、处理 UPS 之后，测试网络恢复正常。

（2）设备线缆、光模块故障。地调一平面路由器至通信通信设备的光纤链路故障，检查有破损、折痕、LC头脏污，导致光纤无法正常传输数据；地调一平面路由器光模块故障，导致接口下大量的错误包，收、发光异常，无法正常传输数据，最终导致地调一平面省网厂站业务不通。更换光纤、光模块之后，测试网络恢复正常。

（3）通信故障。通信配合排查，发现通信侧光模块故障，通信光端机板卡或设备故障，通信人员处理之后，测试网络恢复正常。

总结与建议：

地调一平面路由器是地调一平面业务的入口，当其发生故障时，影响地调主站一平面业务的接收。

因此，要保证重要设备的机柜双路电源，且来自不同的UPS，定期对双核心机房环境、机房设备、线缆进行巡检，周期性地对重要设备进行除尘操作。

97. 地调骨干网二平面路由器至核心链路故障

关键词：路由器、核心层、汇聚层、通信光端机

问题与现象：

地市的地网厂站至省调业务大面积出现无规律性闪断。

分析与处理：

根据上述问题及现象，故障原因可能为地调核心或者骨干网设备故障。排查地调核心路由器，查看设备硬件信息、日志信息正常。

因此，故障点为骨干网二平面路由器。登录骨干网二平面路由器，查看设备硬件信息正常，分析日志信息，发现至核心的主用链路中断，导致链路切换为备用链路，因此引发地市的地网厂站至省调业务出现大面积无规律性闪断。

地调二平面路由器至核心链路中断原因基本上都是通信链路故障，联系省通信配合排查，确定故障节点、故障原因。通信处理故障，最终测试链路是否恢复正常。

总结与建议：

骨干网是网络中的骨干层，二平面承载着整个省二平面业务的交互，二平面网络是否稳定、强健关系着二平面业务能否正常转发数据。整个骨干层网络依附于通信，通信的设备、线路能否稳健地运行直接影响着网络。

因此，要加强部门之间上层领导的沟通，确保通信链路在物理层上实现冗余，避免单节点、单链路故障。加强运维人员的技能水平，根据现有条件，在故障发生的第一时间及时解决问题、定位问题。

98. 省、地网网管服务器离线

关键词：路由器、网管服务器、通信光端机

问题与现象：

某地市的网管服务器设备离线，无法通过网管监控地市接入层设备的运行状态。

分析与处理：

地网网管服务器通过连接网管交换机，然后连接至地调核心路由器，最终接入调度数据网。省网网管服务器通过接入地市省网汇聚接入调度数据网，省网网管服务器至省网汇聚路由器是通信的链路，如图 3-6 所示。

网管服务器设备离线，分为以下三种情况：

(1) 网络设备故障、网线故障。地调端调核心路由器至网管交换机之间的网线故障，网管服务器至交换机或者光端机故障，比如网线破损、网线松动。进行更换网线或者进行网线插拔之后，测试网络恢复正常。

地网网管交换机故障，无法正常运行。此种情况需要进行设备更换，重新配置交换机，然后网络恢复正常。

(2) 网管服务器死机。因为网管服务器的性能及系统（Windows Server 2008）限制，设备运行一定时间之后，会导致设备死机。此时对服务器进行重启之后，服务器恢复正常。

(3) 通信故障。通信故障主要针对省网网管服务器。因其特殊的走线方式，省网汇聚位于一个变电站，省网网管服务器位于地调，当连接两者的通信故障时，省网网管服务器是无法管理的。此时需确认省网网管服务器本地登录正常，服务器至光端机链路正常。联系省通信，配合排查故障点，解决问题。

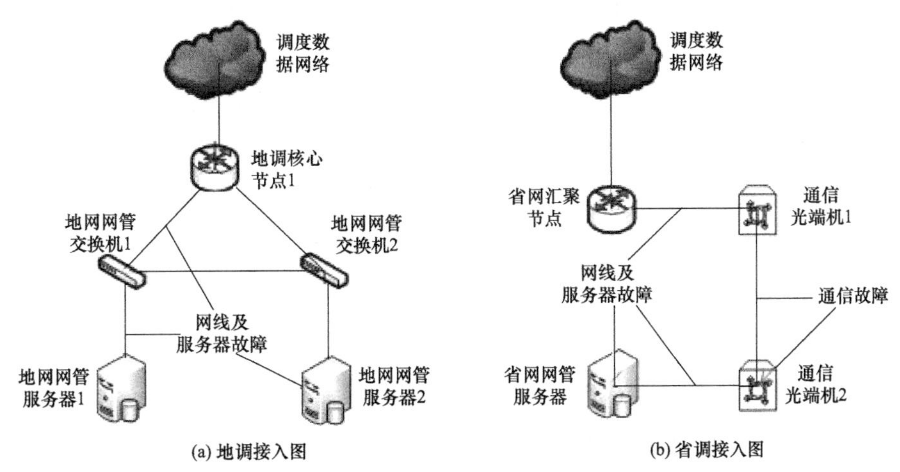

图 3-6　省地网管服务器离线图

总结与建议：

网管服务器呈现着地市的厂站的运行状态，运维人员能通过它及时发现中断的厂站、链路，对于有问题的地市，应及时响应处理，因此它有着至关重要的作用。

保障通信链路冗余，定期巡检机房环境、机房设备、设备间线缆，定期性地手动重启服务器。

3.2 站内网络设备

99. 风扇过滤网堵塞引起路由器离线

关键词： 数据网、风扇告警、过滤网堵塞、路由器离线、网络中断

问题与现象：

某日，省调专网维护人员发现某220kV变电站汇聚路由器离线。

分析与处理：

运维检修人员现场检查，发现风扇告警灯亮，判断为过滤网有堵塞，散热差，导致路由器过热死机。清理过滤网并重启路由器后恢复正常。

总结与建议：

变电站汇聚路由器是2014年投入使用的，由于电子设备常年运行发热，散热设备长期得不到清理，造成电子元件过热死机。建议对发热量较高的电子设备，每年做一次停机清理散热设备的工作。

100. 缺备件的光端机故障导致大范围通信中断

关键词： 数据网、光端机故障、备品备件、通信中断

问题与现象：

某年，某县调光端机（华为OPtix 2500＋）交叉板故障，造成该地区电网内营盘站、杨集站等共计13个35kV变电站通信连续中断104h，致使远动系统运行率严重不合格。

分析与处理：

经厂家技术人员鉴定，故障板件无法维修，需进行更换，但该型号光端机已停产多年，配件无法找到。最后利用市公司一台光端机（华为Optix OSN 3500）扩展槽位，从厂家补发相关板件，将该县光端机业务转移至华为Optix OSN 3500，通信通道才陆续恢复。

总结与建议：

需重视备品备件管理，特别是一些老旧版本和型号的设备。

101. 过电压导致路由器板卡烧坏和数据网通信中断

关键词： 数据网、过电压、路由器、板卡烧坏、通信中断

问题与现象：

某日10：16，某调度监控班发现某220kV变电站通道退出，104一平面、二平面退出。现场检查后台机发现，10：13时110kVⅠ某线2距离Ⅰ段保护动作跳闸，重合成功，故障相为C相。巡线发现，Ⅰ某线16～17号C相线路对线下展放闭路电视线放电，线路有放电痕迹。操作队前往继电器室继续检查，发现1号直流充电柜和2号直流充电柜内的防雷装置被击穿。检修前往现场检查调度数据专网设备，发现省网、地网调度专网路由器正在工作中的板卡2M口烧坏，第二天信通班组到现场检查发现省地两套通信光机的2M

端口受损。

分析与处理：

变电站省地两套调度数据专网电源为同一个逆变电源，无电力专用UPS，基本无防过电压能力，事故可能是由于事故跳闸引起的过电压造成。地网调度数据专网路由器因设备老旧，2M板卡已无法购买备品备件，故更换了一台新路由器（H3C MSR36-40）。省网调度数据专网路由器从原有的4槽位2M板卡更换至3槽位2M板卡，端口配置也从S 4/0端口变更至S 3/0端口。地网光机从原有的第25个2M更换至第29个2M，省网光机从原有的I3槽位的第5个2M更换至第8个2M。

总结与建议：

推进UPS在变电站的应用和冗余电源的配置，安装并合理整定防雷装置，通信线缆尽量不要与电力线缆敷设在同一沟槽，注意设备和机柜的接地情况巡检。

102. 光纤熔接质量不合格导致的通道中断

关键词：光纤、熔接、通道中断

问题与现象：

某光伏电站远动通道频繁中断，且夜间中断频率高于白天中断频率。

分析与处理：

（1）在远动主机ping站内调度数据专网路由器地址，未出现断帧、延时的情况。

（2）在远动主机ping主站服务器地址，出现延时、丢包、中断的情况，且省调接入网、地调接入网平面均出现类似情况。初步判断是该站调度数据专网路由器至省调接入网、地调接入网汇聚路由器之间通信链路质量劣化导致通道频繁中断。

（3）结合该站上联光缆曾遭施工挖断并重新熔接，以及该站远动通道频繁中断情况出现时间与光缆重新熔接时间较为吻合等情况，进一步判断故障原因为光缆重新熔接质量不合格。

（4）经对该站上联光缆进行测试，回波损耗、衰减等指标不合格，且夜间测试不合格概率高于白天，与该站远动通道夜间中断频率高于白天中断频率现象吻合。最终确定故障原因为光缆重新熔接质量不合格，且因夜间温度角度，光纤续接处热胀冷缩，导致夜间问题更为突出。

（5）对该站上联光缆被挖断处再次进行熔接，该站远动通道恢复正常。

总结与建议：

（1）光纤是通信传输的基础介质，光纤熔接质量会直接影响通信质量。在开展光纤熔接时，应按照正确的步骤及方法开展，并在熔接后对熔接质量进行测试。

（2）该站光纤双链路来自同一光缆中的两芯，运行风险较大，不符合光纤双链路来自不同物理位置光缆等要求。后续协调该站进行整改，提高网络稳定性。

103. 终端设备配置错误

关键词： 终端路由未配置、配置错误、终端 IP 配置错误

问题与现象：

某日，地网 2 A 站反馈远动业务至主站不通。

分析与处理：

经分析，远动厂家在远动机上可以 ping 通厂站网关，但 ping 不通主站地址。登录路由器查看 ping 厂站远动地址正常，但至主站不通；登录实时交换机查看 ACL（访问控制列表），已添加至主站的 ACL 策略；在路由器查看路由表，只到地网 2；登录地网 2 路由器查看缺少路由配置，添加后正常，如图 3-7 所示。

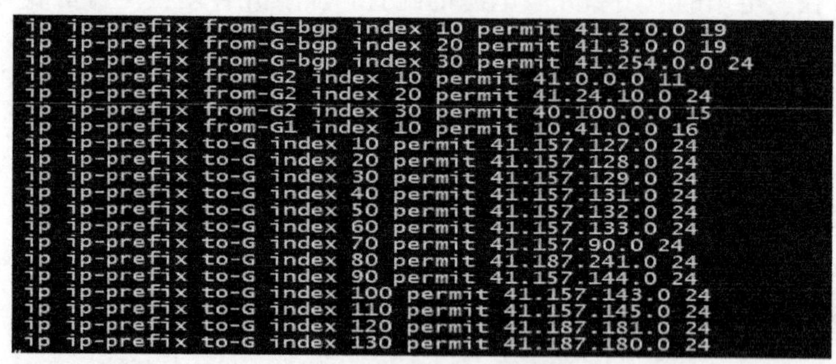

```
ip ip-prefix from-G-bgp index 10 permit 41.2.0.0 19
ip ip-prefix from-G-bgp index 20 permit 41.3.0.0 19
ip ip-prefix from-G-bgp index 30 permit 41.254.0.0 24
ip ip-prefix from-G2 index 10 permit 41.0.0.0 11
ip ip-prefix from-G2 index 20 permit 41.24.10.0 24
ip ip-prefix from-G2 index 30 permit 40.100.0.0 15
ip ip-prefix from-G1 index 10 permit 10.41.0.0 16
ip ip-prefix to-G index 10 permit 41.157.127.0 24
ip ip-prefix to-G index 20 permit 41.157.128.0 24
ip ip-prefix to-G index 30 permit 41.157.129.0 24
ip ip-prefix to-G index 40 permit 41.157.131.0 24
ip ip-prefix to-G index 50 permit 41.157.132.0 24
ip ip-prefix to-G index 60 permit 41.157.133.0 24
ip ip-prefix to-G index 70 permit 41.157.90.0 24
ip ip-prefix to-G index 80 permit 41.187.241.0 24
ip ip-prefix to-G index 90 permit 41.157.144.0 24
ip ip-prefix to-G index 100 permit 41.157.143.0 24
ip ip-prefix to-G index 110 permit 41.157.145.0 24
ip ip-prefix to-G index 120 permit 41.187.181.0 24
ip ip-prefix to-G index 130 permit 41.187.180.0 24
```

图 3-7 路由配置错误处理

总结与建议：

在厂站接入时，查看相应的协议状态是否正常，接入完成后要做好相应的主站业务测试，在交换机上做相应的 ACL。

104. 终端接入不规范

关键词： 交换机、mac 地址、装置设备

问题与现象：

某日，B 站省网接入网络安全监测装置，站内直接将网络安全设备接入专网交换机，导致站端业务不通；某风电场省网站端更换非实时交换机，导致更换之后业务不通。

分析与处理：

检查发现，一是站端不按照规范直接将内网交换机接入专网交换机，形成环路，致使业务数据无法上传，如图 3-8 所示。消除环路，使内网交换机直接接入专网交换机，站端业务数据上传数据恢复正常。

二是站端交换机在新建站接入时未使用端口全部关闭，因此站端在接入业务时需联系省调专网维护打开端口，并要求查看端口下是否划分 VLAN（虚拟局域网）ID 号，如图 3-9 所示。

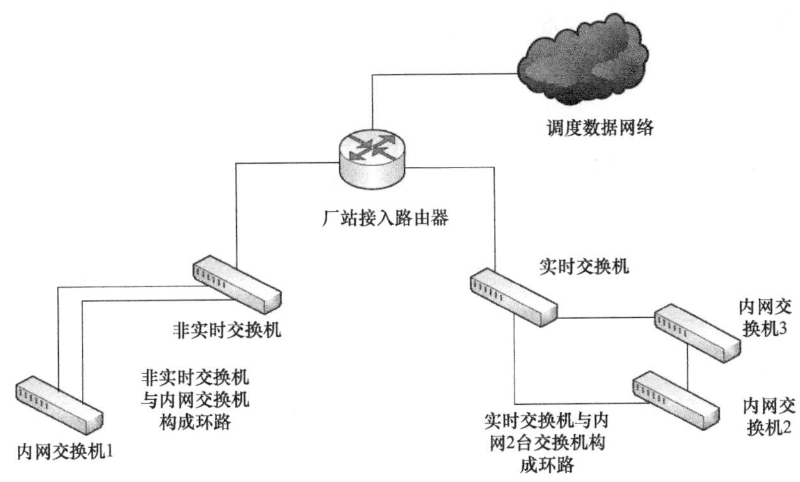

图 3-8　内网交换机导致专网交换机环路

```
InUti/OutUti: input utility/output utility
Interface                        PHY    Protocol  InUti OutUti   inErrors  outErrors
GigabitEthernet0/0/1             *down  down        0%     0%          0          0
GigabitEthernet0/0/2             *down  down        0%     0%          0          0
GigabitEthernet0/0/3             *down  down        0%     0%          0          0
GigabitEthernet0/0/4             *down  down        0%     0%          0          0
GigabitEthernet0/0/5             *down  down        0%     0%          0          0
GigabitEthernet0/0/6             *down  down        0%     0%          0          0
GigabitEthernet0/0/7             *down  down        0%     0%          0          0
GigabitEthernet0/0/8             *down  down        0%     0%          0          0
GigabitEthernet0/0/9             *down  down        0%     0%          0          0
GigabitEthernet0/0/10            *down  down        0%     0%          0          0
GigabitEthernet0/0/11            *down  down        0%     0%          0          0
GigabitEthernet0/0/12            *down  down        0%     0%          0          0
GigabitEthernet0/0/13            *down  down        0%     0%          0          0
GigabitEthernet0/0/14            *down  down        0%     0%          0          0
GigabitEthernet0/0/15            *down  down        0%     0%          0          0
GigabitEthernet0/0/16            *down  down        0%     0%          0          0
GigabitEthernet0/0/17            *down  down        0%     0%          0          0
GigabitEthernet0/0/18            *down  down        0%     0%          0          0
GigabitEthernet0/0/19            *down  down        0%     0%          0          0
GigabitEthernet0/0/20            *down  down        0%     0%          0          0
GigabitEthernet0/0/21            *down  down        0%     0%          0          0
GigabitEthernet0/0/22            *down  down        0%     0%          0          0
GigabitEthernet0/0/23            *down  down        0%     0%          0          0
GigabitEthernet0/0/24            up     up          0%     0%          0          0
GigabitEthernet0/0/25            *down  down        0%     0%          0          0
GigabitEthernet0/0/26            *down  down        0%     0%          0          0
GigabitEthernet0/0/27            *down  down        0%     0%          0          0
GigabitEthernet0/0/28            *down  down        0%     0%          0          0
MEth0/0/1                        down   down        0%     0%          0          0
NULL0                            up     up(s)       0%     0%          0          0
Vlanif1                          up     down        --     --          0          0
Vlanif20                         up     up
```

图 3-9　站端交换机默认端口状态

为保证调度数据网的安全性，现已对站端的专网设备进行加固，如交换机上绑定站端装置设备的 mac 地址。因此，当站端更换装置设备时，需要联系省调专网维护，进行 mac 地址解绑和重新绑定，否则业务数据无法正常上传，如图 3-10 所示。

```
#
 arp static 41.107.151.253 f063-f916-5f26 vpn-instance vpn-nrt
 arp static 41.107.151.1 0060-e91f-ffee vpn-instance vpn-rt
 arp static 41.107.151.125 f063-f916-68cb vpn-instance vpn-rt
#
```

图 3-10　路由器 ARP（地址解析协议）绑定实时和非实时交换机

总结与建议：

站端调试厂家在调试设备时，随意接入专网，更换站装置设备又没有告知省调值班人员，导致站端业务数据故障。因此，站端调试人员应严格遵守调试规范，开工前确认，调试完成之后再次确认。

105. 网线故障

关键词：路由器、交换机、加密机、网线、测线仪

问题与现象：

某日，C站站端上传的业务数据不稳定，表现为业务时通时断，站端设备之间的网线接口指示灯时亮时灭。

分析与处理：

站端上传的业务数据不稳定，初步分析可能为链路质量或链路拥塞导致。进一步分析，站端的业务数据流量没有达到链路带宽的阈值，因此应为链路质量导致。

分析站端路由器、交换机的日志，看到路由器与加密机，或者交换机与加密机，或者交换机与装置机的互联接口存在频繁 up/down 的日志信息。因此得出结论，互联接口不稳定。

首先站端连接站端网络设备的线缆，发现网线破损、网线接口存在压不牢固现象，如图 3-11 所示。

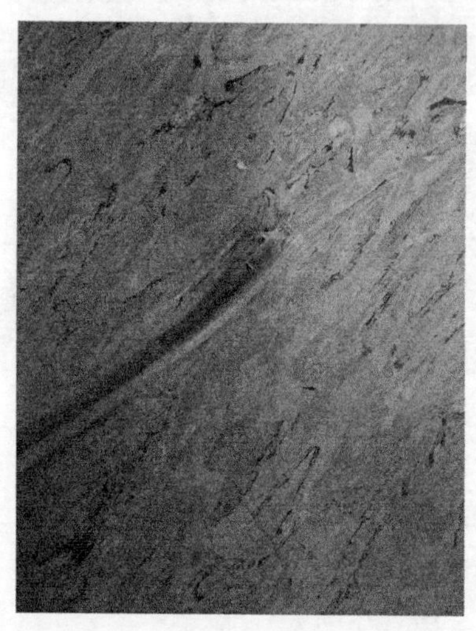

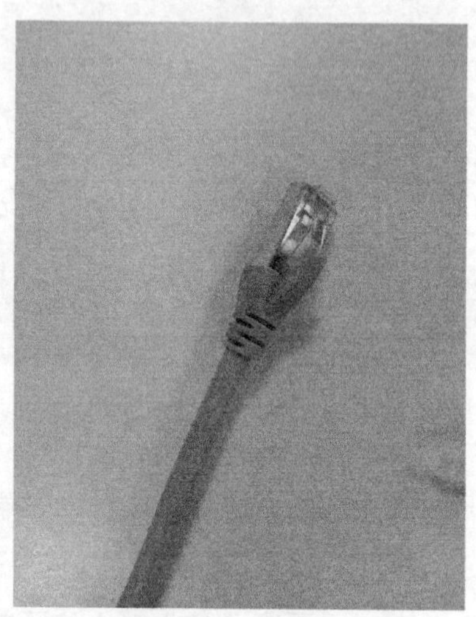

图 3-11 手工制作网线与成品网线

然后对破损的网线进行更换、对网线接口重新压紧或者重新更换水晶头、对连接的线缆进行插拔，测试网络正常，测试业务数据上传正常，观察交换机接口的指示灯显示正常，故厂站专网设备间网线故障已解决。

总结与建议：

站端设备之间连通的网线如有条件，则使用成品网线。若使用的是自制网线，使用测线仪检测网线的是否达标，可以正常使用。

通信线缆属于易损物件，需要做好防护措施，定期对路由器、交换机、加密机、网线

线缆巡检。

106. 2M 线缆故障

关键词：路由器、数字配线架、2M 线缆、BNC

问题与现象：

某日，D 站端上传的业务数据不稳定，表现为业务时通时断；远程登录站端路由器设备会比较卡顿，在站端设备 ping 主站地址丢包率较高；在上联 ping 互联地址丢包严重。

分析与处理：

站端上传的业务数据不稳定，初步分析可能为链路质量或链路拥塞导致。进一步分析，站端的业务数据流量没有达到链路带宽的阈值，因此应为链路质量导致。

分析路由器、交换机的日志，得出路由器的 2M 接口频繁出现 up/down 现象，交换机日志显示正常。因此可以判断应为通信链路故障。

首先排查站端路由器至数字配线架的线缆、2M 接口、BNC 转接处，结果会发现线缆破损或 2M 接口虚焊、BNC 转接处虚焊、2M 接口接触不良、BNC 转接处接触不良，如图 3-12 所示。

然后对检查的故障节点进行修复，测试网络正常，最后测试业务传送数据正常，丢包现象解决。

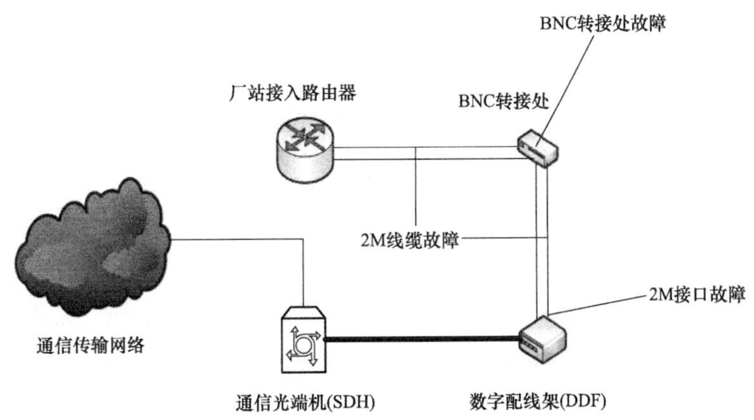

图 3-12　2M 线缆故障

BNC 实物如图 3-13 所示。

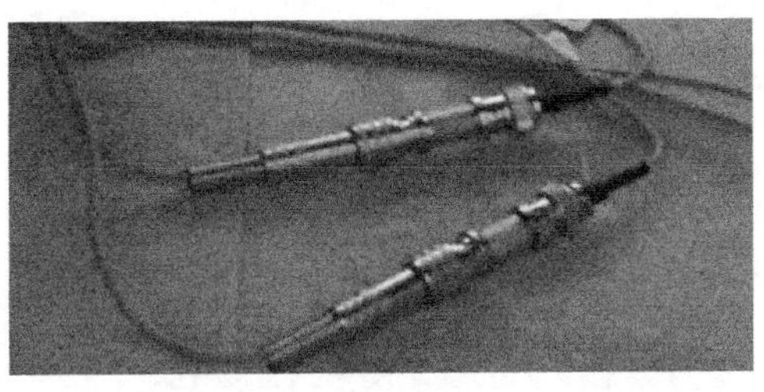

图 3-13　BNC 实物

DDF 及 2M 接口实物如图 3-14 所示。

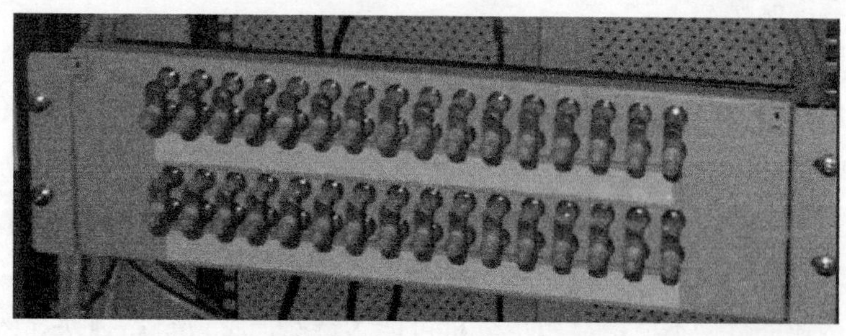

图 3-14 DDF 及 2M 接口实物

总结与建议：

通信线路是调度数据网正常运转的根本，通信链路质量的好坏直接反映调度数据网是否可以正常使用。

2M 线缆又是厂站业务传输数据的必经路径，因此需保护 2M 线缆不受损，定期巡检 2M 线缆。

107. 专网设备故障

关键词：路由器、交换机

问题与现象：

某日，T 站站端业务数据无法上传；路由器业务板卡、子卡指示灯显示异常（自启现象或运行指示灯不亮）；交换机宕机，运行指示灯不亮。

分析与处理：

站端业务数据无法上传，首先排查调度数据网发现专网不通。联系现场人员进行处理，打环测试通信链路正常。同时现场人员发现专网设备路由器、交换机运行异常，设备指示灯红色告警。然后指导现场人用调试线登录设备查看其运行状态，结果无法通过 console 口登录设备，故应为设备故障，应进行更换设备处理，如图 3-15 所示。

图 3-15 alarm 告警

总结与建议：

调度数据网设备是整个站业务数据的出口，为使之正常、高速地传输数据，需要定期巡检专网设备的运行状态，提前发现问题，预先处理。

对运行年限超过 10 年的设备可以考虑进行更换，年限较老的设备易发生故障、不易修复，且厂商服务平台不提供技术支持。为应对突发事件，需要有相应设备的相关备件。

108. 通信设备故障

关键词：路由器、数字配线架、光端机（通信传输设备）

问题与现象：

某年，E 站站端业务数据无法上传；路由器、交换机运行指示灯显示正常，无其他异常现象；通信传输设备光端机运行指示灯显示异常。

分析与处理：

站端业务数据无法上传，初步分析可能为专网问题导致，排查发现厂站上联接口 down 掉。联系人员配合打环测试，在厂站端数字配线架打环之后，看不到环路，判断应该为通信链路故障导致。

在厂站上一级打环测试，环路正常。所以故障点应为厂站端数字配线架至上一连接点之间。继续排查，发现厂站端光端机运行异常，联系通信人员进行处理。通信人员处理之后，恢复正常。

总结与建议：

通信传输设备是调度数据网的基础，因此通信设备的正常与否至关重要。各级通信管理部门要加强对通信设备的巡视，发现异常及时通知人员进行排查，并且保障设备的运行环境，确保不会因环境问题导致设备出现异常情况。另对，运行年限超过 10 年的设备可以考虑进行更换，年限较老的设备易发生故障、不易修复，且厂商不再提供技术支持。

109. 网络模式匹配错误导致的联调失败

关键词：路由器、端口模式、匹配

问题与现象：

某日，地调接入网实时纵向加密装置与现场厂家联合调试时，发现装置远程连接失败，但内网安全监视平台却显示装置在线，且右键可以管控隧道与策略，密通率达到 100%。

分析与处理：

首先，按照缺陷现象，地调平台可以远程管理加密装置的隧道与策略，证明厂站加密装置与地调主站平台互相导入的证书正确；其次，厂站密通率达到 100%，证明厂站与地调主站互相配置的隧道与策略正确；最后，加密装置远程管理提示失败，证明缺陷应是地调接入网中某设备的网络配置问题。

经地调与省调网络、安防人员讨论、检查发现，地调接入网路由器配置的端口模式为

access，在此模式下，虽然路由器配置有 VLAN，但实际是不生效的，因此对应的加密装置也无需配置 VLAN。但按照省调对于地网接入层 VLAN 划分要求，实时业务 VLAN 号为 10，非实时业务 VLAN 号为 20，路由器端口模式也应相应的设置为 trunk 模式，不应为 access 模式（无 VLAN 划分模式），由于该站的网络厂家并没有正确设置参数，导致路由器与加密装置的模式没有相匹配，发生缺陷。

随后，基建部门项目经理联系网络厂家，更改路由器配置后，地调平台连接加密装置成功，缺陷消除。

总结与建议：

该缺陷的发生暴露出以下问题：

（1）网络设备厂家没有按照要求设置正确的网络参数，且在离站时没有与加密厂家交接好，存在一定的工作失误。

（2）地调网络安防人员缺乏经验，对网络设备参数的配置理解不够，没有能够及时提醒加密厂家问题所在。

针对以上问题，在今后新建厂站时，地调、基建等部门将要求各参与调试厂家之间要充分沟通，特别网络、安防、监控厂家应同步到达现场，联合调试完成无异常后才能离站。

地调网络安防人员应继续加强学习，提高技术能力，更多地参与调试，具备二次检查和发现缺陷的能力。

110. 光纤通信中断

关键词：光纤、弯曲弧度

问题与现象：

某 q 变电站，35kV 所有间隔通信中断。

分析与处理：

二次检修人员通过对主控室通信柜检查发现，35kV 光电转换器的信号灯与其他光电转换器的信号灯闪烁不一致，猜测可能是高压室端光纤接头问题，随即进入高压室进行查询，发现高压室端连接光电转换器的光纤接口连接牢固、处于自然下垂状态，怀疑是由于光纤弯曲弧度过大引起通信中断，尝试对其进行扎带固定，主控室人员随即发现主控室 35kV 光电转换器的信号灯闪烁正常，且后台通信恢复正常，如图 3-16 和图 3-17 所示。

总结与建议：

若光纤弯曲度过大，即使光纤设备投入运行时一切正常，一段时间过后也可能会导致信号无法通过，致使通信中断。

加强变电站内自动化设备巡视，发现类似情况及时进行重新盘线，确保设备通信正常。加强检修人员对于光纤弯曲度的重视，注意其圆圈直径不能过小（不小于 10cm 为宜），避免弯曲度过大而造成光信号无法折射到对端。

图 3-16　35kV 所有间隔通信中断

图 3-17　35kV 后台通信恢复正常

4 安 全 防 护

4.1 纵向加密装置

111. 新能源场站内部署微型纵向加密装置后无法正常通信

关键词：安全防护、新能源场站、微型纵向加密认证装置、AVC、通信中断

问题与现象：

在某光伏电站的站控端到就地控制终端部署纵向加密认证装置后发现，场站内电力监控系统通信正常，但是只有 AVC 业务系统无法正常采集光伏区相关业务数据，如图 4-1 所示。

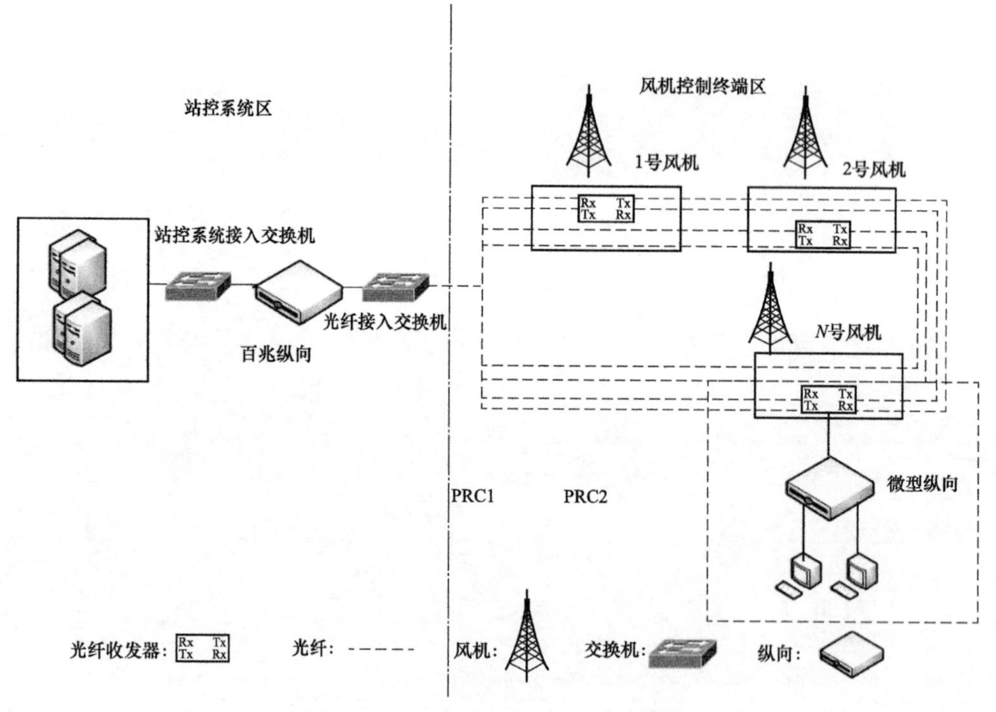

图 4-1　新能源场站内微型纵向加密认证装置部署方案示意图

分析与处理：

经现场研究发现，AVC 业务系统需要通过就地单元的光纤环网交换机来控制逆变器，而逆变器在控制反馈过程中需要获取汇流箱数据。也就是说，在进行 AVC 业务控制时，进入光纤环网交换机的两路网线信号（逆变器数据和汇流箱数据）需要进行数据信号交

互。而最初部署微型纵向加密认证装置时，并没有配置两路输入网线信号之间的密通策略，导致逆变器数据和汇流箱数据之间不能可靠通信，从而引起 AVC 业务系统中断。

总结与建议：

（1）在新能源场站的站控端到就地控制终端部署纵向加密认证装置时，需在就地单元的微型纵向加密认证装置上配置两路输入网线信号之间的密通策略。

（2）建议在部署电力监控系统网络安全防护设备前，进行业务系统的网络拓扑分析和网络信号探测，并细化部署流程和配置项，以避免类似问题发生。

112. 纵向加密认证装置内存使用率超限告警

关键词：安全防护、纵向加密认证装置、内存使用率告警

问题与现象：

某年 2 月初，内网安全监视平台出现某 110kV 变电站二平面一区型号为 SJW77 的纵向加密认证装置内存使用率超过系统设定阈值（70%）次要告警，后续观察发现该装置内存使用率持续递增。

分析与处理：

联系厂家技术人员后，确定为装置版本程序老化问题引起，对装置程序进行升级后，该装置内存使用率恢复为正常值，内网安全监视平台告警消失。

总结与建议：

针对同期投入运行的型号为 SJW77 的纵向加密装置，制定计划统一对该型号装置程序进行升级，以消除该型号纵向加密装置运行时的不稳定隐患。

113. 软件版本过低导致纵向加密认证装置无法远程管控

关键词：安全防护、软件版本低、纵向加密认证装置、无法远程管控

问题与现象：

220kV X 和 P 变电站非实时纵向加密认证装置出现无法管理现象，装置可以正常连接，检查装置配置未发现异常，重新导入管理中心证书并重启装置后，异常现象依然存在。

分析与处理：

登录装置后台查看软件版本号为 PSTunnel-PPC64-20170302，经与厂家技术人员沟通分析后判断装置无法远程管理可能是由于软件版本过低造成的，将装置软件版本升级为 PSTunnel-PPC64-20171221 后恢复正常。

总结与建议：

纵向加密认证装置软件版本过低可能造成很多问题。

114. 厂站端纵向加密设备全部隧道无加密包

关键词：IP 报文策略

问题与现象：

在平台上梳理密通率时，发现有些站端加密机密通率很低，查询时发现这些设备为加

密机，并且隧道全部不加密，但该站业务正常。

分析与处理：

登录设备后台发现设备存在 IP 报文过滤策略，该策略优先级高于所有明密文策略，配置该策略相当于所有业务明文放行，并且此策略不在平台上显示。删除该条策略后，该纵向加密设备加解密恢复正常。

总结与建议：

现场调试加密机时，需要注意是否存在该策略，调试完成后，需要将该策略删除。

115. 远动装置网络配置错误导致纵向加密认证装置告警

关键词：安全防护、远动装置、网络配置、纵向加密认证装置

问题与现象：

某 35kV 变电站实时纵向加密认证装置发出重要告警，不符合安全策略的访问（源 IP 地址为 222.111.112.222、196.5.1.222，访问广播或组播地址为 222.111.112.255、196.5.1.255）。

分析与处理：

222.111.112.222 为变电站内局域网 A 网地址，196.5.1.222 为变电站内局域网 B 网地址，远动装置在接入局域网 AB 网时未对接入端口进行专门网段配置，导致 222.111.112.222、196.5.1.222 访问广播或组播地址 222.111.112.255、196.5.1.255 时被站端纵向加密装置拦截后产生重要告警。将站端接入远动装置的局域网交换机端口重新进行配置后恢复正常。

总结与建议：

该缺陷主要是由于厂站端网络配置不规范造成的。不仅是远动装置，所有与调度数据网相连的业务主机都要严格划分端口和 IP 网段。

4.2 隔离装置

116. 正向隔离装置故障导致Ⅰ/Ⅲ区同步异常

关键词：安全防护、正向隔离装置、同步异常

问题与现象：

某日 13：00，A 地调度人员反映Ⅰ/Ⅲ区画面不一致。

分析与处理：

经过现场研究发现，A 地调 D5000 系统Ⅰ/Ⅲ区同步出现问题，经 D5000 本地化技术支持指导，将Ⅰ/Ⅲ区正向隔离装置断电，断电一分钟后重启，重启后Ⅰ/Ⅲ区正向隔离装置运行指示灯恢复正常，A 地调 D5000 电网电压数据时间实现同步。

自动化运维人员在排查时发现Ⅰ/Ⅲ区正向隔离装置内部温度升高，运行指示灯常亮不变化，Ⅰ/Ⅲ区正向隔离装置经过多年长时间不间断运行，设备老化，需要对其进行更换。

另外，B地调也发现Ⅰ/Ⅲ区不同步问题，原因为从Ⅰ区向Ⅲ区同步图形时造成堆积。处理方法为重启“svg _ exp _ server”“svg _ color _ service”进程，将所有图形转换为SVG图形，再将“catalina. sh”进程重启后恢复正常。

总结与建议：

注意核对Ⅰ/Ⅲ同步情况，并重点监视运行时间较长的正向隔离装置。

4.3 网络安全监测装置

117. 厂站端网络安全监测装置判定问题

关键词：调试模式、运行模式

问题与现象：现场在部署网络安全监测装置后，发现该装置将正常的通信地址判定为非法外联事件，并且添加网络白名单后不能生效。

分析与处理：

经查询发现，该问题存在于监测装置。该装置存在两种运行状态，分别为调试模式和运行模式。当设备处于调试模式时，监测装置自身存在的TCP连接均被判定为非法外联。

总结与建议：

现场调试网络安全监测装置需要及时将设备升级到运行模式，避免产生不必要的告警信息。

4.4 网络安全管理平台

118. 业务主机跨平面引起内网监视平台告警

关键词：安全防护、业务主机、跨双平面、安防告警

问题与现象：

某日，内网监视平台自动化值班人员通知某变电站存在大量跨平面访问告警。

分析与处理：

检查告警内容中的IP信息，确定是由保护信息子站引起的。保护信息子站为新安装主机，厂家人员配置时，同一网口上同时配置了省调接入网和地调接入网IP。修改配置后告警消失。现场告知了厂家人员自动化工作注意事项。自动化人员根据自动化工作要求对信息子站调试写了注意事项，并发给保护人员和相关厂家。

总结与建议：

(1) 加强厂家人员安装调试前的网络安全防护培训。

(2) 与调度数据网连接的业务主机设备都不能配置跨平面IP和默认路由，以免引起内网内网监视平台告警。

(3) 涉网装置的IP配置错误也会引发类似内网监视平台告警，注意各装置的IP配置规则。

(4) 网络边界部署的安防设备（防火墙、正向隔离装置、纵向加密认证装置等）应按

照最小化原则配置安全策略。

119. 厂站终端设备日志存储设置不规范造成告警

关键词：日志不含年份、不进行备份

问题与现象：

主机上的日志格式不含年份，日志以月份开始记录并且不进行备份，导致该主机上的探针在采集系统日志时出现异常，将之前的日志也进行了反复读取。跨年后引起网络安全监测装置上报大量重复的告警信息（例如大量的用户变更、登录失败等）。

分析与处理：

产生告警主机会将所有日志存储在/var/log/secure文件里，探针在读取日志时会出现同样的时间点，查询到最后时会发现时间点又一样了，反复查询，会将之前的日志里出现异常反复上送，在平台上出现大量的重复告警。

处理措施有：①站端主机设备按照102号文要求进行日志备份；②探针厂商针对这类不含年份的日志且不进行备份的日志进行探针升级，不再读取重复的日志，发现重复日志立即停止读取。

总结与建议：

站端主机设备进行日志备份，现场针对监测装置业务接入厂商查看该主机日志格式，若不符合，向现场提出改进措施，并且询问研发人员有无影响，有影响的话及时针对探针进行改进，避免产生不必要的告警。

120. 主站端加密卡访问未知地址

关键词：0401加密卡、访问未知地址

问题与现象：

网络安全监视平台上出现主站端加密卡地址访问未知地址，引起站端加密机产生告警。

分析与处理：

经查询发现，此情况存在于型号为0401的加密卡，还存在设备老化情况。由于加密卡芯片故障，加密卡在加密业务报文时，错将未知地址也作为目的地址封装到加密包内，当有业务传输时，就会出现加密卡访问未知地址的告警信息。将此型号加密卡升级后，访问未知地址现象消失。

总结与建议：

主站进行加密卡安装调试时，调试人员注意查看该加密卡的型号，若是0401型加密卡，需要及时进行升级操作。

121. 场站GPS对时服务存在异常访问

关键词：对时、主机路由

问题与现象：

网络安全管理平台监视到主站非实时纵向加密装置产生重要告警，内容为“存在异常

访问数据：从 41. 10. XX. 32 等主机向目的主机 41. 10. XX. 255 的异常访问数据，源端口 6002，目的端口 6001”。

分析与处理：

登录该主机，通过监听此端口发现该端口对应的服务为场站的 GPS 对时服务。发现该告警地址为主机内网地址，通过数据网通道产生告警，如图 4-2 所示。

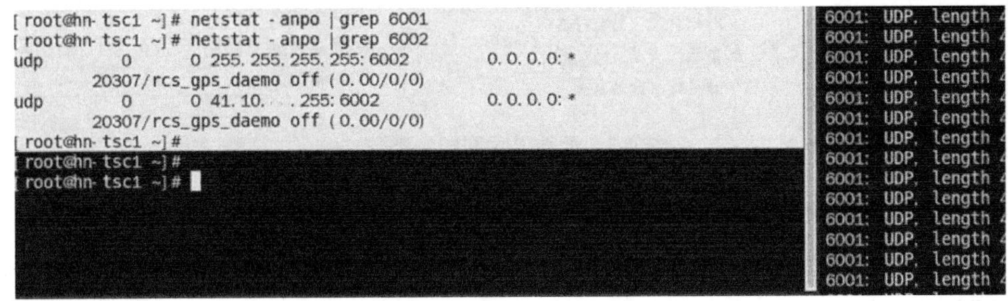

图 4-2　主机监听端口相关信息

通过系统内置防火墙 iptables 设置入站策略及出站策略，进行系统服务端口过滤；设定各业务使用的明细路由，删除系统默认路由。最终告警得到消除。

总结与建议：

对于调度数据网内的通信主机操作系统应遵循最小安装的原则，仅安装必须的程序服务，避免引起非必要访问。同时，对必须安装的软件程序应注意开启防火墙过滤功能和引发网络连接的配置项，避免软件程序漏洞进行非必要访问。

122. 远动装置 PSX600 非法访问告警

关键词：规约、广播

问题与现象：

某供电公司电力监控系统内网安全平台上监视到某站纵向加密设备有重要告警信息，告警详情“（41. 154. XX. 2）访问（41. 154. XX. 1～41. 154. XX. 10）之间的共 31 个 IP 地址不符合安全策略被拦截”。源端口为 10385，目的端口为 1032。

分析与处理：

（1）目的端口为 1032 的原因。PSX600 远动通信装置采用以太网 103 规约和间隔层装置通信，其配置参数如图 4-3 所示，103 规约的通信机制是站控层设备发送 UDP 广播，间隔层设备接收到 UDP 广播后发起跟相对应的站控层设备的 TCP 连接。UDP 广播端口号为 1032，远动装置会向各网口发送 UDP 广播报文。

因 PSX600 远动通信装置发送的 UDP 广播报文不区分网口，所有网口均会发送，所以 104 通道也会收到 103 规约 UDP 广播报文，纵向加密装置会监测到此广播报文不符合安全策略，进行拦截。

环境设置

PSX600环境设置

标识	变电站名	110KV　变上	以太网配置	以太网1	172 . 20 . 　 . 31
	主机IP地址	172 . 20 . 　 . 31		子网掩码	255 . 255 . 0 . 0
	备机IP地址	172 . 20 . 　 . 0		以太网2	172 . 21 . 　 . 31
GPS	对时方式	无GPS有效脉冲		子网掩码	255 . 255 . 0 . 0
	GPS时钟报文	有GPS时钟报文		以太网3	41 . 154 . 　 . 2
	GPS类型	NariGPS装置1.0		子网掩码	255 . 255 . 255 . 128
	时间来源	串行口5		以太网4	0 . 0 . 0 . 0
	输出脉冲方式	秒脉冲		子网掩码	0 . 0 . 0 . 0
				默认网关	41 . 154 . 　 . 126
	对时接受滤波处理			特定网关	0 . 0 . 0 . 0

图 4-3　远动以太网配置参数

（2）源 IP 和目的 IP 地址的规则。PSX600 配置参数中以太网 1、以太网 2 为站内双网，IP 地址前两字节固定（172.20/172.21），后两个字节由现场分配。以太网 3 为 104 规约通信网口，IP 地址由主站分配，本站远动 IP 地址为 41.154.XX.2。因远动发给站内装置的 UDP 广播报文不区分网口，纵向加密装置连接的网口为以太网 3，所以收到了源地址为 41.154.XX.2 的报文。

远动发送 UDP 广播报文的本意是发给站内装置的，目的 IP 应该是站内所定义的 IP 地址，但因不区分网口，目的 IP 地址按“以太网前 2 个字节＋站内装置地址后 2 个字节”规则组成，所以纵向加密装置拦截到的目的 IP 地址出现了 41.154.XX.3、41.154.XX.1、41.154.XY.1 等地址，这些 IP 地址的前两个字节是 41.154，后两个字节在远动配置库中都可以找到，如 XX.3、XX.1、XY.1，远动配置库的部分截图如图 4-4 所示。

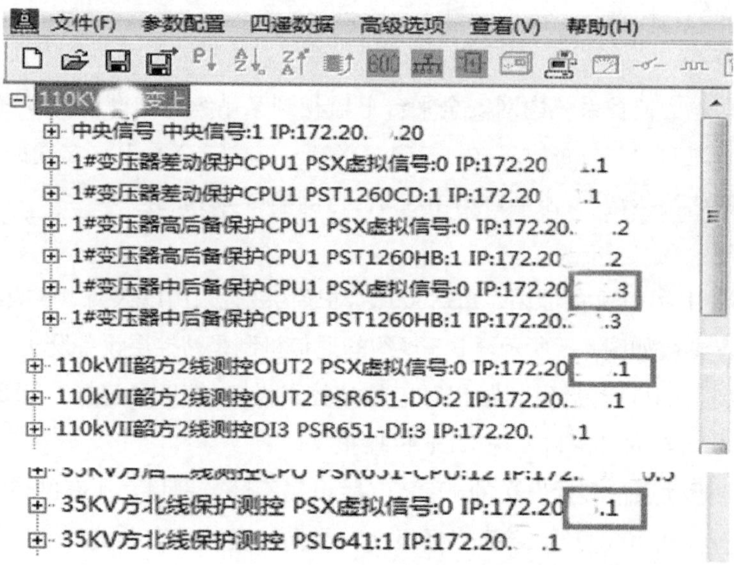

图 4-4　远动 IP 地址配置参数

(3) 解决方法。远动通信装置 PSX600 是 2000 年之前研制生产的产品，现已停产，由于是该装置的系统缺陷，需要把 PSX600 装置更换为 PSX610G 装置。PSX610G 支持 8 个网口，32 个远传区。PSX610G 的数据库可以通过 PsxConvert 工具由 PSX600 转换而来，更换完抽查核对遥信、遥测、遥控功能。

总结与建议：

加强日常巡视工作，强化设备台账的规范管理，做好缺陷记录，安排专人负责处理，及时消除缺陷，形成有效的全流程闭环管理，保障地调网络安全稳定运行。

123. PCS-9799C IP 地址重复导致地址无效引起告警

关键词：地址冲突

问题与现象：

某供电公司电力监控系统内网安全平台上监视到某站纵向加密设备有重要告警信息，告警详情“（41.126.XX.2）访问（41.124.10.XX）至（198.121.0.XX）之间的共 35 个 IP 地址不符合安全策略被拦截”。源端口随机端口，目的端口 102。

分析与处理：

此站正在进行综合自动化改造，在调试过程中新通信网关机（PCS-9799C）与南 2 号主变压器保护无法正常通信，因此厂家工作人员将南 2 号主变压器保护直接接入新通信网关机的网口 2 进行通信测试，误将新通信网关机网口 2 地址设置为 198.120.XX.194，导致新通信网关机与站内其他装置通信的网口 1 地址 198.120.XX.201 网段冲突，影响了新通信网关机的正常通信功能，后将网口 2 地址改回 198.121.XX.201。在此过程中，内网安全监视平台产生告警。

此站新通信网关机为 PCS-9799C，程序版本为 R4.33。该设备配置网关的情况下，会根据目标网段设置去匹配相应的主站建立连接。只有在网关、目标网段、所有装置网口地址都设置正确的情况下，新通信网关机才不会发送多余的连接请求，相应参数如下所示：

Ip-addres=41.126.XX.2

Router1=41.126.XX.126------网关 1

Destination1=0.0.0.0------目标网段 1

Router2=0.0.0.0------网关 2

Destination2=0.0.0.0------目标网段 2

本站网口 4（41.126.XX.2）直接连接在调度数据专网实时交换机上与调度通信。拓扑连接如图 4-5 所示。

本次出现非法访问的原因如下：调试过程中，厂家工作人员将网口 2 地址改为同网口 1 一个网段，造成网口 2 地址失效，变为 0.0.0.0，由于新通信网关机网口 4 配置的默认路由中目标网段 1 也是 0.0.0.0，网口 4 会对网口 2 设置的 IP 进行匹配，但是网口 2 的

0.0.0.0 已是无效地址，此时新通信网关机会进行广播请求连接。从而导致网口 4（41.126.XX.2）对 41.124.XX.11～198.121.XX.181 之间的共 35 个 IP 地址发送了连接请求，被调度数据专网纵向加密装置拦截，产生告警。

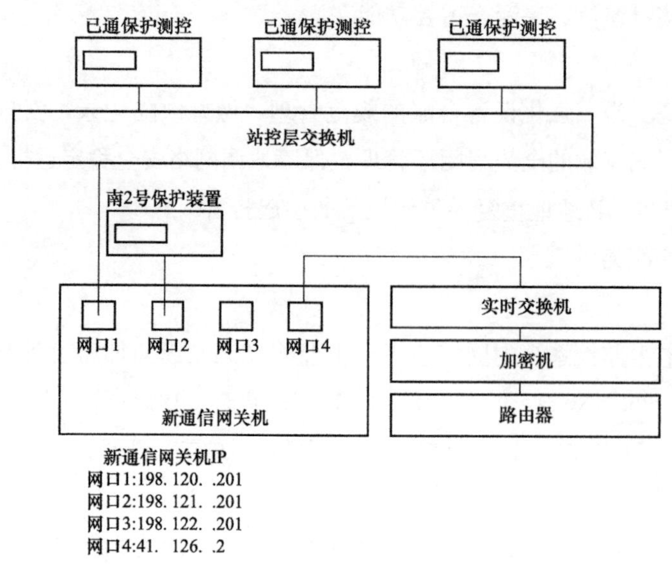

图 4-5 网口 4 与调度数据专网拓扑连接

现场工作人员检查发现新通信网关机网口 2 网段与网口 1 网段冲突，导致网口 2 地址失效变为 0.0.0.0，随即断开网络，恢复新通信网关机网口 2 的 IP 地址为 198.121.XX.201，告警停止。

总结与建议：

（1）集中强化电力监控安全工作规程学习，确保工作人员熟悉掌握各项安全要求。同时将安全工作规程学习列入工区、班组安全例会，形成常态化。

（2）深入开展监控系统安全意识和风险辨识。进行现场工作人员安全意识教育和风险辨识，提升工作人员网络安全意识，明确网络安全风险，健全网络安全风险预控措施，掌握故障处置流程和方法。

124. D5000 消息总线服务缺陷

关键词：消息总线、服务

问题与现象：

地调主站实时纵向加密装置产生重要告警，内容为“存在异常访问数据：从 41.26.XX.8 等主机向目的主机 41.26.XX.255 的异常访问数据”。源端口为随机端口，目的端口为 12161，如图 4-6 所示。

分析与处理：

产生告警后查询源 IP，确定为地调主站模型机的地址；目的地址为广播地址。在主机上对目的端口 12161 进行监听，发现此端口用于 D5000 的消息接收服务，如图 4-7 所示。

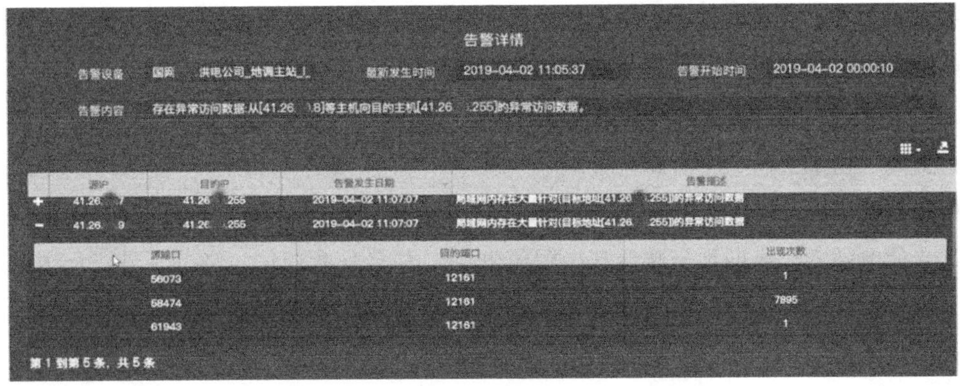

图 4-6　地调主站实时纵向加密装置重要告警

```
[root@mod-zkwh1 ~]#
[root@mod-zkwh1 ~]#
[root@mod-zkwh1 ~]#
[root@mod-zkwh1 ~]# netstat -anpo |grep 12161
udp        0      0 0.0.0.0:12161               0.0.0.0:*
        7294/message_recv    off (0.00/0/0)
[root@mod-zkwh1 ~]#
[root@mod-zkwh1 ~]#
```

图 4-7　目的端口监听

在主站模型机上进行对端口 12161 进行抓包分析，发现访问该端口的目的地址均为 41.26.XX.255，如图 4-8 所示。

```
No.  Time        Source        Destination    Protocol  Length  Info
  1 0.000000    41.26.  .10   41.26.  .255   UDP       1162 62535 → 12161 Len=1120
  2 0.268832    41.26.  .9    41.26.  .255   UDP       1162 58474 → 12161 Len=1120
  3 0.268873    41.26.  .9    41.26.  .255   UDP       1162 58474 → 12161 Len=1120
  4 0.268896    41.26.  .9    41.26.  .255   UDP       1162 58474 → 12161 Len=1120
  5 0.495132    41.26.  .7    41.26.  .255   UDP       1162 51441 → 12161 Len=1120
  6 0.495180    41.26.  .7    41.26.  .255   UDP       1162 51441 → 12161 Len=1120
  7 0.495185    41.26.  .7    41.26.  .255   UDP       1162 51441 → 12161 Len=1120
  8 2.281820    41.26.  .8    41.26.  .255   UDP       1162 54478 → 12161 Len=1120
> Frame 1: 1162 bytes on wire (9296 bits), 96 bytes captured (768 bits)
> Ethernet II, Src: AsustekC_26:2c:e7 (30:85:a9:26:2c:e7), Dst: Broadcast (ff:ff:ff:ff:ff:ff)
> Internet Protocol Version 4, Src: 41.26.  .10, Dst: 41.26.  .255
v User Datagram Protocol, Src Port: 62535, Dst Port: 12161
    Source Port: 62535
    Destination Port: 12161
    Length: 1128
    Checksum: 0xf3e0 [unverified]
    [Checksum Status: Unverified]
    [Stream index: 0]
  > [Timestamps]
> Data (54 bytes)
```

图 4-8　端口抓包分析

针对本次告警，处理办法为对各主机进行设置防火墙开启，针对访问该目的地址设置阻断拦截。

总结与建议：

对于调度数据网内的通信主机操作系统应遵循最小安装的原则，仅安装必须的程序服务，避免引起非必要访问。对必须安装的软件程序应注意开启防火墙过滤功能和引发网络连接的配置项，避免软件程序漏洞进行非必要访问。

125. Windows Update 服务存在异常访问

关键词：自动更新、不必要服务

问题与现象：

某光伏电站实时纵向加密装置产生重要告警，内容为“（192.168.XX.145）访问未知地址（219.238.XX.134），不符合安全策略被拦截”。源端口为随机端口，目的端口为 80。

分析与处理：

首先定位此告警源 IP 地址为故障录波服务器（Windows 系统）内网地址，并断开了服务器调度数据网网络连接。后分析确定目的地址“219.238.XX.134”为非业务需求地址。通过故障录波服务器系统，打开系统“资源管理器”进行排查，锁定了目的地址“219.238.XX.134”为 Windows Update 服务调用。

并且由于告警信息为设备自身内网 IP 地址，查询主机路由表后发现改主机存在默认路由，当内网网络异常后，匹配到默认路由，此种访问通过站内实时交换机并尝试穿越实时加密装置，但因访问不匹配纵向加密策略，被加密装置拦截并向监管平台报送异常访问的告警。

针对本次告警，处理办法为对站内 Windows 系统的更新程序进行关闭，如图 4-9 所示，并检查是否开启其他服务，同时对服务器进行全面检查，确认无非必要软件程序，并对服务器进行资源监视，监视结果显示故障录波服务器无非必须网络连接后恢复调度数据网的网络连接。通过此操作消除了异常访问告警。随后对站内所有主机进行核查，确认所有主机均未安装非必要软件程序。

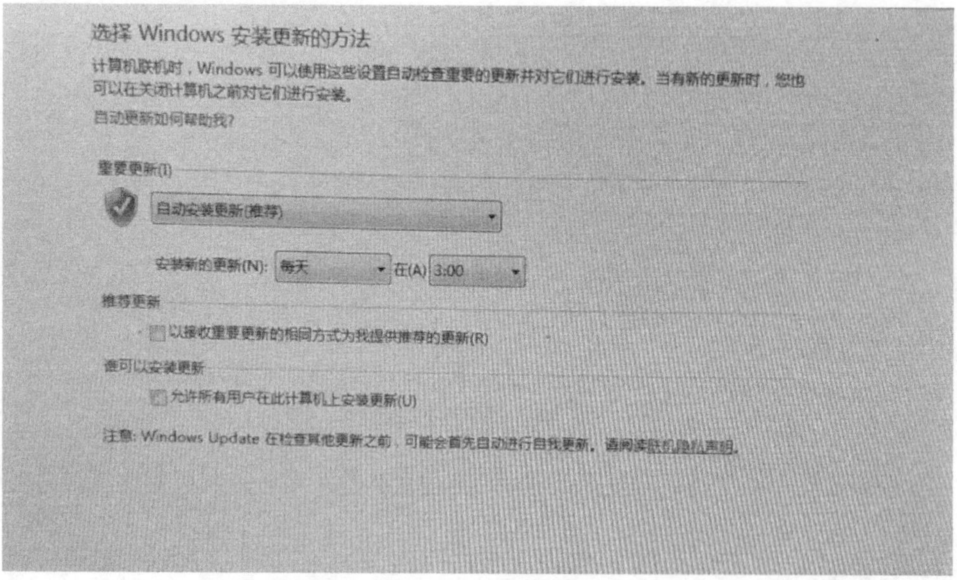

图 4-9 Windows 系统更新程序关闭

总结与建议：

对于调度数据网内的通信主机操作系统应遵循最小安装的原则，仅安装必须的软件程序，避免安装非必要软件程序。对必须安装的软件程序应注意关闭“自动更新”等引发网络连接的配置项，降低黑客利用软件程序漏洞入侵电力系统的风险。如果装置系统无法进行系统层面防护，应考虑及时更换为安装有非 Windows 操作系统（如 Linux、Unix 等）的主机。

126. IPS（入侵防御系统）接入方式不规范告警

关键词：网络结构

问题与现象：

某地调告警平台产生重要告警 1 条，告警内容为 41.150.XX.3 访问 41.10.XX.5 41.10.XX.6、41.22.XX.11 41.22.XX.12、41.148.XX.11 共 5 个 IP 地址不符合安全策略被拦截，引起清源风电场二平面Ⅱ区加密机上报告警。源地址为远动机地址，目的地址二平面远动主站地址。源端口为 0，目的端口为 0。

分析与处理：

现场故障拓扑如图 4-10 所示。

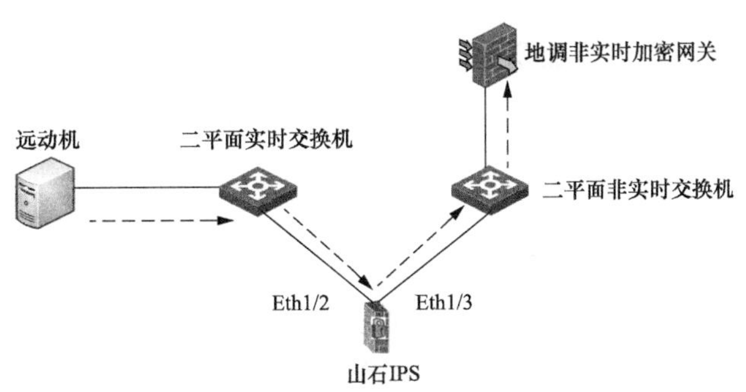

图 4-10 故障现场拓扑 1

经过现场工程师的现场定位，发现入侵检测设备 eth1/2、eth1/3 划分到同一个 tap 安全域，设备默认机制是 tap 接口只收不发，且流量不会转发到另一个接口，如图 4-11 所示。

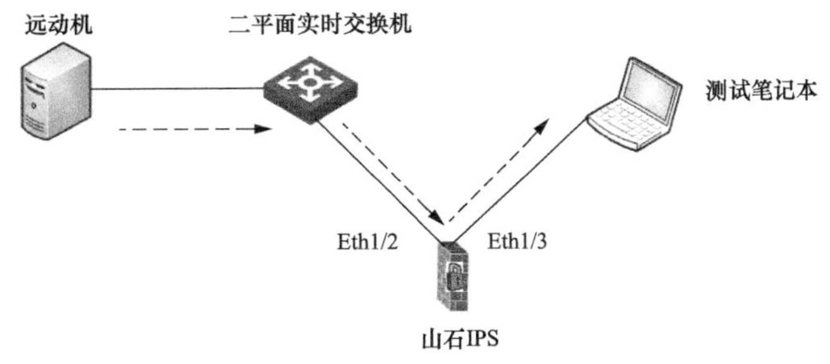

图 4-11 现场故障拓扑 2

在切换场用电系统，笔记本能够抓到来自实时交换机下挂的远动机的 IP 信息。通过本次切换场用电发现 IPS 设备在场用电切换时出现掉电重启现象。

由于 IPS 重启过程中会造成 bypass 现象，而 eth1/2、eth1/3 为相邻端口组，触发 bypass 机制，即旁路模式，此刻远动机告警信息流量透传到非实时业务平面，如图 4-12 所示。

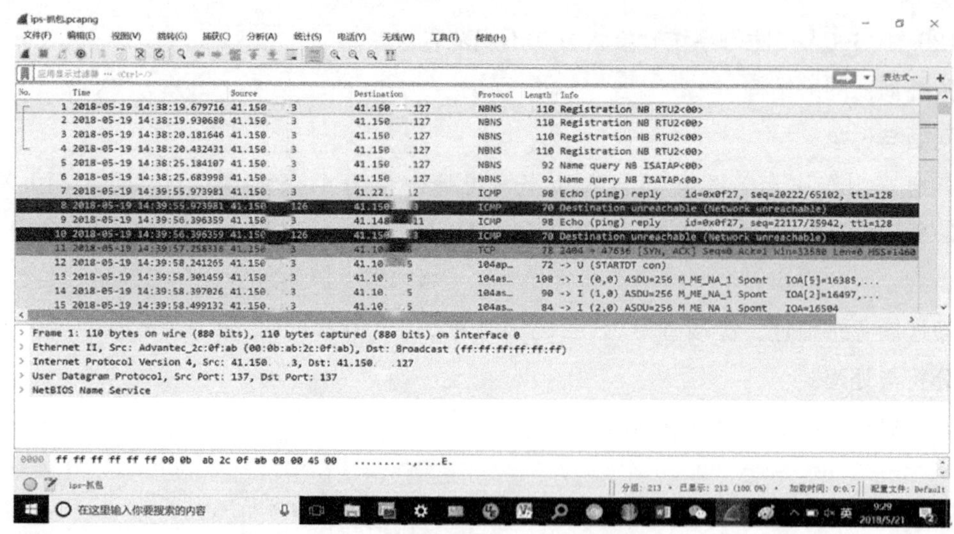

图 4-12 远动机告警信息透传到非实时业务平面

通过采取 IPS 取电和数据通信机柜保持一致，避免场用电切换造成设备重启；去掉默认允许同一个 tap 安全域允许互访的策略；安装方案建议使用两台 IDS（入侵检测系统）代替 IPS，分别配置在实时业务区和非实时业务区，通过物理隔离代替逻辑隔离的方式，防止一切造成Ⅰ、Ⅱ区互联的可能，同时还可以防止 IPS 掉电造成业务中断。

总结与建议：

(1) 电力监控系统安全防护方案对全站设备进行梳理，发现不符合要求的立即上报整改。

(2) 加强对现场人员培训，保证网络安全防护工作高效、平稳开展。

127. 交换机开启环路检测引发告警

关键词：交换机、环路检测

问题与现象：

内网安全平台显示，某变电站实时纵向加密装置上报告警，告警内容为源 68.68.XX.68 访问 68.68.XX.85，不符合安全策略。

分析与处理：

在调度数据网中捕获如图 4-13 所示类型的报文。

```
⊞ Frame 139: 60 bytes on wire (480 bits), 60 bytes captured (480 bits)
⊟ Ethernet II, Src: HuaweiTe_10:11:f9 (00:e0:fc:10:11:f9), Dst: Broadcast (ff:ff:ff:ff:ff:ff)
  ⊞ Destination: Broadcast (ff:ff:ff:ff:ff:ff)
  ⊞ Source: HuaweiTe_10:11:f9 (00:e0:fc:10:11:f9)
    Type: IP (0x0800)
⊟ Internet Protocol Version 4, Src: 68.68.   .68 (68.68.   .68), Dst: 68.68.   .85 (68.68.   .85)
    Version: 4
    Header length: 20 bytes
  ⊞ Differentiated Services Field: 0x00 (DSCP 0x00: Default; ECN: 0x00: Not-ECT (Not ECN-Capable Transport))
    Total Length: 515
    Identification: 0x3526 (13606)
  ⊞ Flags: 0x07 (Don't Fragment) (More Fragments)
    Fragment offset: 1152
  ⊞ Time to live: 1
    Protocol: UDP (17)
  ⊞ Header checksum: 0x3333 [incorrect, should be 0x8012 (may be caused by "IP checksum offload"?)]
    Source: 68.68.   .68 (68.68.   .68)
    Destination: 68.68.   .85 (68.68.   .85)
    [Source GeoIP: Unknown]
    [Destination GeoIP: Unknown]
⊞ Data (26 bytes)
```

图 4-13　S3026E 环路检测报文

经确认，该报文为 S3026E 使用的环路检测报文。相关背景和实现机制说明如下：

（1）网络端口环路。网络中的环回是指如图 4-14（a）和图 4-14（b）的情况，在一台以太网交换机上存在一个自环头，或者在该以太网交换级联的以太网交换机或者网桥上存在自环头或环路情况，设所有端口在一个 VLAN 中。

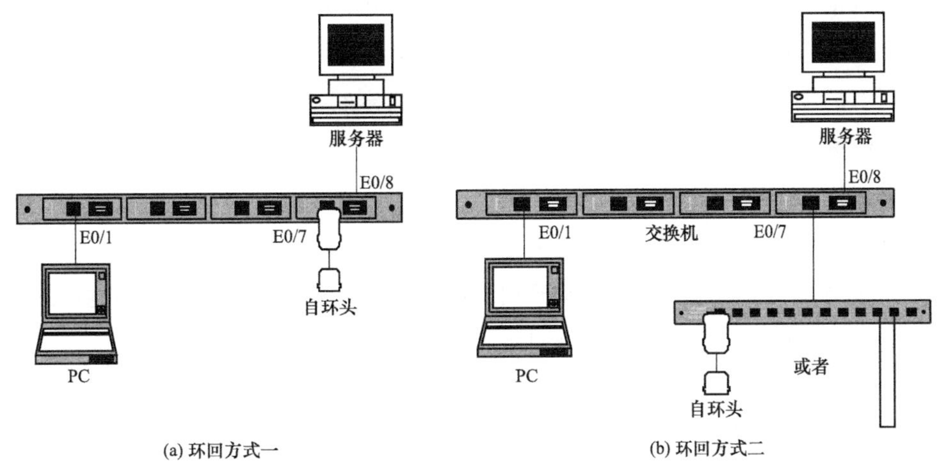

(a) 环回方式一　　(b) 环回方式二

图 4-14　网络中的环回图

在上述两种组网情况下，PC 都存在不能正常和服务器通信的可能性。

在图 4-14（a）情况下，PC ping 服务器时，开始会发送一个 ARP 广播报文，到达设备后，设备会将 PC 的 mac 地址学习到交换机的端口 E0/1 上。同时，该广播报文会在二层网络中广播，因此会送到接自环头的端口 E0/7 和接服务器的端口 E0/8 上。由于端口 E0/7 上接了一个自环头，于是，该报文会原封不动地送回到端口 E0/7 上。由于报文中的源 mac 地址为 PC 的 mac 地址，这样，就会导致 PC 的 mac 地址从端口 E0/1 上移动到 E0/7 上。当服务器回应的单播 ARP 报文送到交换机后，根据二层交换原理，通过目的 mac 寻址查找出端口，就会找到端口 E0/7，然后将报文从端口 E0/7 送出去。这样，PC

就不能和服务器进行正常地通信了。

图 4-14（b）的情况和图 4-14（a）是类似的，环回或环路情况存在于级联的交换机。同样会导致 mac 地址的学习错误，使正常的网络通信中断。图 4-14（b）的情况更接近于实际的网络情况，更难于发现和定位。这种环回情况对于二层网络来说是灾难性的，二层网络越大，影响范围越大。

（2）S3026E 交换机实现机制。S3026E 交换机通过在设备的端口上发送一种特殊的报文，并检测该报文是否能够从发送出去的端口送回来，来确定这个端口上是否存在环路情况。因为网络是一个随时都有可能存在变动的对象，因此环路检测是一个持续的过程，也就是说，在设备上需要每隔一定时间间隔进行一次检测，来确定各个端口上是否存在环路，以及上次发现存在环路的端口上环回是否已经消失等。

环回检测收包处理任务则依据收到的环回检测报文对产生环回的端口进行端口隔离，禁止端口收包，端口广播抑制设置为 0 的操作，且会删除产生环回报文端口下的 mac。

默认情况下，S3026E 全局开启环路检测，每个端口也开启环路检测，每隔 30s 检测一次。

针对这种情况通过命令 undo loopback-detection enable 全局关闭环路检测功能，这样会关闭所有端口上的环路检测功能，并将定时器删除。也可以关闭单个端口的环路检测功能，如果所有的端口都关闭了环路检测功能，则会将定时器删除。将全省 S3026E 交换机进行升级系统操作。

总结与建议：

（1）加强运维安全监管，提高对电力监控系统安全防护风险的管控水平；

（2）一些网络设备的服务存在自动开启功能，产生大量访问互联网未知地址的非法访问导致告警，应先确定该服务情况，通过配置关闭此类功能。

128. 远动装置嵌入式操作系统告警

关键词：嵌入式系统、NetBIOS

问题与现象：

某地调平台报重要告警一条，内容为“（41. XX. XX. 3）访问（10. 100. XX. 1～10. 100. XX. 181）不符合安全策略被拦截”。

分析与处理：

41. XX. XX. 3 为站内远动设备的 IP 地址，该设备为某公司 2005 年产品，型号为 WYD-803A，使用的是 Windows CE 嵌入式操作系统。在运行过程中会访问自己的广播地址，访问协议为 NetBIOS 协议，该协议是提供在局域网下的计算机名浏览功能，在网络中使用计算机名通信就是使用 NetBIOS 协议。在 Windows 操作系统中，默认情况下在安装 TCP/IP 协议后会自动安装 NetBIOS 协议。由于 Windows CE 系统是当时封装的操作系统，厂家后期无法对系统进行额外设置，在前期处理过程中，厂家通过在 IP 端口绑定 IP，

暂时处理了该种型号设备频繁违规外联问题，但是无法解决因通信网口中断后再恢复而出现的非法访问问题。41. XX. XX. 3 地址为厂家人员在调试远动装置过程中，专网设备与远动机之间的网线插拔引起的告警。

远动机背板网口图如图 4-15 所示，调试人员发现现场两台远动机。主机远动机运行着中调 104、地调 104 通道；备机远动机只运行着地调 104 通道。调试过程中拔掉备机 LAN1、LAN2 后，出现远动机服务端不可访问时，引起了远动机的其他网口（即只有与调度主站通信的介入地调接入网网口，其地址是 41. XX. XX. 3）向其他的网口发起 ARP 报文，继而引起纵向加密装置异常访问报警。

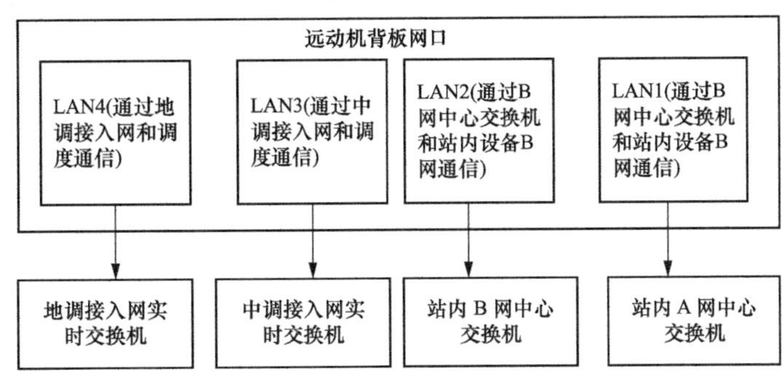

图 4-15 远动机背板网口

分析与处理：

对 803A 远动机进行 IP 地址绑定：通过注册信息，完成数据端口绑定，禁止远动机通过其他网口访问数据。具体步骤如下：将 disable _ netbios. reg 文件上传至远动机，运行 disable _ netbios. reg 文件，将注册表文件导入，然后保存注册表，reboot 重启。

总结与建议：

（1）加强运维安全监管，提高对电力监控系统安全防护风险的管控水平；

（2）加强站端设备巡视，对出现故障的自动化设备及时更换；

（3）对该型号的设备进行加固处理，对不满足加固条件型号设备及时更换。

129. 厂站主机频繁触发用户变更告警

关键词：主机、权限变更

问题与现象：

网络安全管理平台接收某厂站上报大量告警信息，告警内容为站端监控主机 1 用户变更，如图 4-16 所示。

分析与处理：

经查询，站内监控主机后台安全日志的日志格式均不含年份，以月份开始记录，导致探针在采集系统日志时出现异常，将之前的日志也进行了重复读取，造成告警信息一直上报。

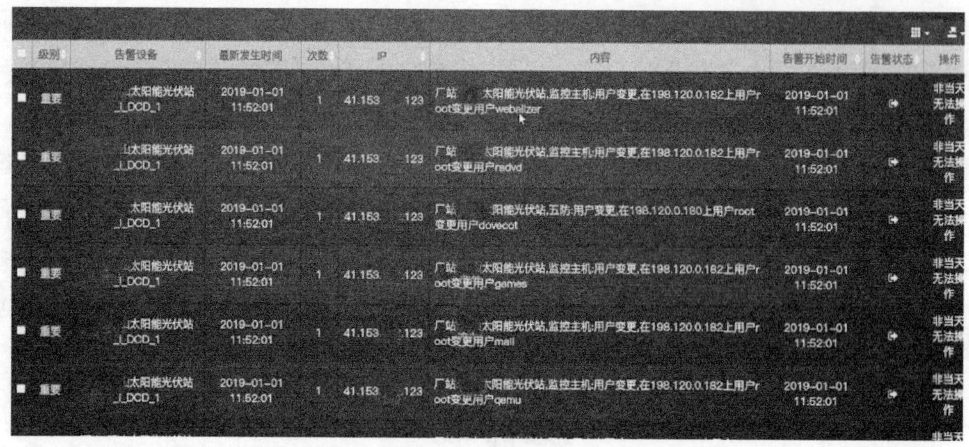

图 4-16 厂站主机频繁触发用户变更告警

可采取以下措施：①对主机系统更换系统日志储存格式，使系统日志格式为带年份的完整日志。②修改 Agnet 程序，让 Agent 软件能进行筛选，针对主机之前出现的信息不进行重复读取。③清理系统内之前记录的安全日志。

总结与建议：

（1）站内业务系统应开启系统内自身的日志审计功能，并根据实际业务需要设置有效期时间。

（2）部署 Agent 程序前确认业务主机的日志格式，及时清理无效日志信息。

130. 监测装置调试模式下产生告警信息

关键词：监测装置、工作模式

问题与现象：

网络安全管理平台在接入某厂家的监测装置后，发现设备上报自身非法外联事件，监测装置自身正常连接被判定为非法外联，例如监测装置上报日志至调度主站，站端业务主机上传日志至监测装置。

分析与处理：

该厂家的监测装置存在两种运行状态，分别为调试模式和运行模式。当设备处于调试模式时，监测装置自身存在的 TCP 连接均被判定为非法外联，运行模式不会把自身外联事件判定为非法外联。并且该装置的网络连接白名单是无法进行添加和编辑的；该装置服务端口白名单是属于装置自身的参数配置且是默认的，目前开启的有 514、161、162、9001～9006、8800、8801、8820。参数设置是规定各项功能所需的端口，不是屏蔽告警用的。

采取措施：在进行监测装置调试时，要注意和现场结合，需要将现场的业务先进行接入，当站内各业务的 TCP 连接与监测装置建立成功后，及时将监测装置升级到运行模式，避免不必要的告警产生。

总结与建议：

配合调试新设备时，需要结合现场调试人员或者装置厂商了解该设备的性能和机制，在配合调试时着重注意项，避免过多不必要的问题。

131. 远动机缺陷导致内网监视平台告警

关键词：安全防护、远动机缺陷、NetBIOS、告警

问题与现象：

某日，某地调内网监视平台报告警一条，内容为“（*．*.22.3）访问（10.100.100.1～10.100.100.200）之间的共51个IP地址不符合安全策略被拦截”。

分析与处理：

现场检查设备配置信息得知，*．*.22.3为站内远动设备的IP地址，该设备投运超十年，使用的是Windows CE嵌入式操作系统。在运行过程中会访问自己的广播地址，访问协议为NetBIOS协议，该协议是提供在局域网下的计算机名浏览功能，在网络中使用计算机名通信就是使用NetBIOS协议。在Windows操作系统中，默认情况下在安装TCP/IP协议后会自动安装NetBIOS协议。由于Windows CE系统是当时封装的操作系统，厂家后期无法对系统进行额外设置，在前期处理过程中，厂家通过在端口绑定IP方式，暂时处理了该种型号设备频繁违规外联问题，但是无法解决因通信网口中断后再恢复所引起的非法访问问题。

远动机背板不同的网口分别连接调度数据网交换机和站控层交换机。站控层A网交换机故障后，出现远动机服务端不可访问时，引起了远动机的网口（与调度主站通信的接入地调接入网网口，其地址是*．*.22.3）向其他的网口发起ARP报文，继而引起纵向加密装置异常访问报警。

立即通知专网人员，关闭*．*.22.3所在地网实时交换机端口，告警消除。通知远动专业人员，更换站控层A网交换机，并就调度网络安全工作提出具体要求，对出现故障的自动化设备及时更换。

总结与建议：

（1）这次事件的根本原因在于远动机设备缺陷，触发环节在于站控层交换机故障。

（2）协调厂家排查辖区内存在类似问题的老旧设备，对不满足加固条件的设备进行更换，满足加固条件的设备进行加固处理。

（3）远动机IP地址绑定步骤为：将disable _ netbios. reg文件上传至远动机，运行disable _ netbios. reg文件，将注册表文件导入，然后保存注册表，reboot重启。

132. 变电站网线接触不良导致的异常访问

关键词：安全防护、网线接触不良、纵向加密认证装置、异常访问

问题与现象：

前置服务器加密卡（41.25.10.11和41.25.10.12）发出重要告警，不符合安全策略

的访问（源 IP 地址 41.25.10.11、41.25.10.12 异常访问 41.3.＊.＊）。

分析与处理：

41.3.＊.＊为某 220kV 变电站数据专网地调接入网互联地址，由于纵向加密装置到接入路由器连接网线经常出现接触不良造成网络短时间中断，导致 41.25.10.11、41.25.10.12 访问互联地址 41.3.＊.＊时被主站加密卡拦截后产生重要告警。更换连接线缆或重新制作水晶头，同时排查其他厂站是否存在类似问题。

总结与建议：

该内网监视平台告警主要是由于设备线缆连接不可靠造成的，需加以关注。

133. 调试笔记本接入交换机导致内网监视平台告警

关键词：安全防护、笔记本接入、数据网交换机、告警

问题与现象：

某日，某地调平台告警，内容为“（＊.＊.143.1）访问（14.17.42.43～223.167.166.51）之间的共 89 个 IP 地址，不符合安全策略被拦截”。地调发现后立即询问变电站得知：本次告警为该变电站现场调试人员在调试传动过程中将外部笔记本插入地调实时交换机接口引起。

分析与处理：

＊.＊.143.1 为厂家调试用笔记本电脑的 IP 地址，厂家技术人员为了监测报文，把计算机设置为与站内通信设备一个网段的 IP 地址，把网线接入到地调实时交换机，笔记本电脑运行了 TCP/IP 数据解析软件，发送了 ARP 地址解析协议和 TCP/IP 协议，出现非法访问问题，继而引起纵向加密装置异常访问报警。在发生事件后立刻通知厂家停止现场所有工作。

总结与建议：

（1）加强对外来厂家调试人员的网络安全培训，不得将个人笔记本接入涉网设备。

（2）站端自动化工作履行现场工作票，由现场工作负责人负责好现场的安全。

（3）配置专用调试笔记本，进行安全加固，在用笔记本进行调试前要采取防范异常网络访问的措施。

4.5 主机加固

134. 主机产生不符合安全策略访问

关键词：主机、非法外联

问题与现象：

某主机设备产生告警不符合安全策略访问告警。

分析与处理：

经确认该主机在部署 Agent 程序时，由于未核实主机通信情况，只针对部署期间存在 TCP 连接的 IP 地址进行了白名单添加工作，其余地址均未添加。

采取措施：针对详情告警内容，查看具体访问地址及端口，并与业务厂家确认该访问是否正常。如确认为正常访问，在 Agent 程序添加网络连接白名单并重启 Agent 程序。

总结与建议：

应根据业务实际需求添加网络连接白名单及服务端口白名单。针对白名单添加完成后出现的无效告警，应从源头分析告警原因，通过关闭不必要服务和无用端口等方式进行告警消除工作。

135. 主机告警 USB 存储功能开启

关键词：主机、USB、光驱

问题与现象：

某电厂后台监控主机产生告警，内容为 USB 存储功能开启/接入设备。

分析与处理：

经确认该主机未禁用 USB 存储功能，探针周期性检测，检测到 USB 模块就会产生告警。

针对此问题可采取以下措施：

（1）禁用 USB：

1）使用 uname-r 查看内核版本。

2）使用 lsmod | grep usb 查看模块。

3）移除驱动：

rm/lib/modules/内核版本/kernel/drivers/usb/storage/usb-storage. ko

4）卸载模块 rmmod usb _ storage。

5）验证 lsmod | grep usb 查看是否还有此模块。

（2）禁用光驱：

1）使用 uname-r 查看内核版本。

2）使用 lsmod | grep cd 查看模块。

3）使用 lsmod | grep sr 查看模块。

4）移除驱动：

rm /lib/modules/内核版本/kernel/drivers/cdrom/cdrom/cd-mod. ko

rm /lib/modules/内核版本/kernel/drivers/cdrom/scsi/sr-mod

5）卸载模块 rmmod cd _ mod，卸载模块 rmmod sr _ mod。

6）验证 lsmod | grep cd/sr 查看是否还有此模块。

特殊版本：

#2. 6. 18-95. 5. SKL1. 9. 2

#2. 6. 18-SKL1. 9. 4. ky3. 173. 4. 1

以上版本需要在/etc/rc. local 增加 rmmod usb _ storage。

总结与建议：

此方法也适用于告警主机存在光驱。主机应按照 102 号文要求，对业务主机进行系统加固，禁用 USB 存储功能、卸载光驱驱动。

136. 厂站终端设备网络配置错误

关键词：主机、默认路由

问题与现象：

厂站端主站配置默认路由后，当其中一条通道不通时，会匹配到默认路由给转发。在安全监视平台上会出现站端产生跨平面访问的告警。

分析与处理：

因为路由的选择顺序是按照掩码位数匹配，优先选择掩码位数大的，并且不应存在默认路由，否则当优先选择的路由不可达时，还会匹配默认路由给转发。所以站端主机在设置路由时应将通信地址精细化，并且删除主机设备的默认路由。

总结与建议：

发现平台上产生站端业务地址跨平面访问时，通知站端优先检查该业务主机的路由配置。

4.6 其他系统（入侵检测）

137. 防火墙配置错误

关键词：防火墙、通信通道

问题与现象：

某日，新能源电厂三区业务需要通过光纤接入三区，增加一个交换机一个防火墙。配置好后，业务不通。

分析与处理：

分析发现上级调度维护人员远程定义的防火墙和交换机是逻辑编号，和现场编号不一样。

现场的编号是按顺序从上至下编号为防火墙 1、防火墙 2、交换机 1、交换机 2，但是上级调度维护人员不知道现场顺序，其逻辑编号和现场正好相反，因此一旦连线接入就会出现信号不通现象。但是上级调度远程登录防火墙是可以登录上去的，因为它登录的交换机防火墙只是和现场编号相反。发现编号不一致后将线交叉修正，信号才正常。

总结与建议：

实际远程调试时，应该明确设备编号，实现与上级调度维护配置一致，避免小错误引起不必要调试工作延误。

138. 厂站漏洞扫描异常问题分析处理

关键词：漏洞扫描、远动机异常

问题与现象：

某日，根据安防要求，某公司作为首家试点单位对下辖34座220kV变电站Ⅰ区和Ⅱ区的业务主机进行漏洞扫描，发现在已扫描的24座变电站中，A变电站地网单通道退出运行和B变电站省、地网双通道。

分析与处理：

自动化检修人员从主站测试，ping远动机主机IP地址正常，但使用telnet命令显示端口无法开放，链接未建立。漏洞扫描采用绿盟专用的漏洞扫描工具，通过与业务主机建立链接，返回开放的端口、服务以及漏洞信息等内容。扫描主机的IP网段为：实时业务1～20、123；非实时业务128～150、251。

A变电站为RCS-9698D远动机，投运时间为2006年4月。B变电站为PSX-600远动机，投运时间为2008年5月。两站远动机均已服役10年以上。判断为在建立链接问答过程中占用主机的CPU等资源，由于本身远动机配置性能较低，导致主机死机业务中断，重启远动机后异常消失。其余22座变电站漏洞扫描过程中未发生该异常问题。

总结与建议：

（1）在推广漏洞扫描工作中需提前对设备台账进行梳理。将运行设备分成两类：运行期限内设备采用绿盟工具正常漏扫；超期服役（运行8年以上）设备采用单独的探测工具仅对端口进行探测。

（2）将不满足服役年限设备尽快列入2020～2022年技改项目储备。

第 5 章　基础设施与辅助系统

5.1　电源（站端、主站）

139. 电源故障导致遥测数据调零

关键词：UPS、电源故障、变送器失电、遥测跳变

问题与现象：

某日 18：20 左右，调度端收到的某电厂一期所有遥测数据全部为 0，事件发生时，查看远程终端单元（RTU）与采集模块通信正常。

分析与处理：

经过现场检查发现，RTU 收到的所有遥测数据也都是 0，测量外部 4～20mA 输入信号为 0mA，最终确认遥测数据变送器屏 UPS 失电，导致变送器失电所致。

当天采用临时 UPS，接入变送器屏，数据恢复正常，并于 1 月 12 日将变送器屏由单路 UPS 输入整改为双路 UPS 输入。

总结与建议：

对于重要厂站自动化设备，应采用双电源冗余配置，且应重视定期巡检 UPS 的运行状态。

140. 电源故障导致网络中断

关键词：UPS、电源故障、路由器断电、数据网中断

问题与现象：

某日 16：00 左右，某 220kV 变电站汇聚路由器掉电重启。导致该变电站省调专网和地调专网均中断 4min，8 个 220kV 变电站和 4 个光伏电站地调专网通道停止运行 7min。

分析与处理：

自动化运维人员发现该设备重启后，马上赶赴现场，到达现场后该设备已经恢复正常。经与现场人员沟通，为运行人员误碰控制台下插板造成短路（控制台电源由 UPS 供电），导致 UPS 设备总输出开关断开。

该变电站只有一台 UPS，已投运三年。该变电站的汇聚路由器柜安装有双电源，但是两路电源全部由一台 UPS 供电，省调专网和地调专网实时交换机和非实时交换机都只有一个电源模块。

发现问题后，立刻将汇聚路由器接入第二电源。另外，协调设备运维部门对重要汇聚节点变电站进行排查，其余不满足要求的均列入双电源改造计划。

总结与建议：

（1）对于重要网络节点，应重视定期巡检 UPS 的运行状态。

（2）调度自动化系统应采用专用的、冗余配置的 UPS 供电。

（3）UPS 应至少具备两路独立的交流供电电源，且每台 UPS 的供电开关应独立。

（4）厂站远动装置、计算机监控系统及其测控单元等自动化设备应采用冗余配置的 UPS 或站内直流电源供电；具备双电源模块的设备，应由不同电源供电。

（5）对于只有一路电源模块的网络设备，将不同调度专网平面的网络设备分别接入不同的电源；对于关键节点的单网的网络设备，建议对其电源加装 STS（静态转换开关：双电源进，单电源出）。

（6）UPS 电源切换失败也会导致类似问题发生，在做 UPS 电源切换后需检查所供电设备的带电状态。

141. UPS 切换故障导致关键路由器重启和通信中断

关键词：UPS、电源切换、路由器重启、通信中断

问题与现象：

某日，某地区 220kV 变电站地网汇聚路由器、省网汇聚路由器、地网第二核心路由器重启，相关网络通信业务中断。

分析与处理：

经查该站当天进行主变压器保护定检工作，定检工作开展前，对站内交流负荷进行切换，将原 1 号主变压器所在 10kV 母线上的站用 1 停运，投入站用 2 电源。在此期间，发生上述事件。

保护班工作人员到达现场排查发现，通信机房第一套 UPS 故障，第二套 UPS 未无延时切换，手动切换到第二套 UPS 后，缺陷消失。

重启的三台路由器处于通信机房调度数据网汇聚柜，第一套 UPS 故障，系蓄电池电压严重不足；第二套 UPS 尚未进行电源切换试验，导致第一套 UPS 失电后，第二套 UPS 无法无延时切换。

总结与建议：

日常运行中，因 UPS 故障导致自动化设备失电的事件较为常见。UPS 是为自动化设备提供优质、可靠电源的重要设备。建议设备管理单位应加强 UPS 设备巡检，提前发现、处置隐患，特别是对重要负载双 UPS 配置的电源，应加强巡视，保障双套 UPS 能正常发挥为自动化设备可靠供电的作用。

142. 变送器失电造成远动数据异常

关键词：UPS 变送器、远动机、数据跳变

问题与现象：

某日，某厂全厂数据异常，母线电压由 231kV 变为－67kV，线路功率由 56MW 变为

－450MW，机组功率由 340MW 变为 0MW。

分析与处理：

如图 5-1 所示，现场检查远动设备，发现遥测屏失去电源。经查遥测变送器屏 1997 年投运，由于 RTU 专用 UPS 老化故障，且为单电源导致遥测变送屏失电，敷设临时电源，送电后正常。

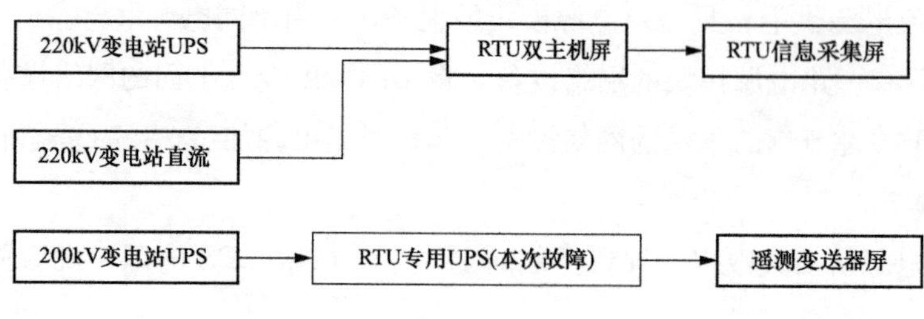

图 5-1 某厂 RTU 专用 UPS

由于 RTU 专用 UPS 老化故障，可将其退运，改电站两路 UPS 冗余供电，如图 5-2 所示。

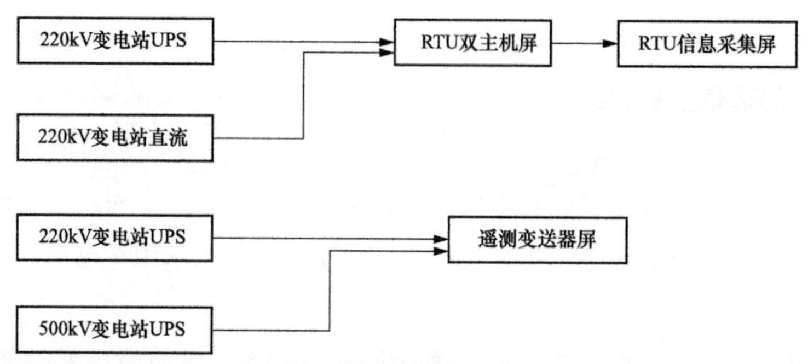

图 5-2 改进后某厂 RTU 专用 UPS

总结与建议：

对于为远动提供数据的变送器，应和远动主设备一样采用双电源供电。如果变送器只能接收单路电源，在屏内增加双路输入单路输出交流切换电源装置。任一路电源失电应具备报警功能，同时加强电源巡视与管理。

143. UPS 故障导致的大面积厂站通道中断

关键词： UPS、自动切换开关、蓄电池、通道中断

问题与现象：

某日，某地区所有厂站地调接入网远动通道全部中断。

分析与处理：

（1）检修人员发现调度数据专网二平面屏柜电源失去，调度数据专网核心路由器失电停运。

（2）调度数据专网二平面屏柜由专用 UPS 供电，专用 UPS 有两路市电电源。

（3）故障发生，因线路检修需切断主路市电电源。正常方式下会通过自动切换开关（ATS）切换至备路市电电源。设备供电不受影响。

（4）因自动切换开关（ATS）故障，未能正常切换至备路市电电源，且蓄电池组逆变开关也发生跳闸，导致数据专网二平面屏柜电源失去。

（5）事后检测发现一块蓄电池损坏，存在短路，导致蓄电池组逆变开关跳闸。

（6）故障发生后紧急停止主路市电电源检修工作，恢复调度数据专网二平面屏柜供电。该地区厂站地调接入网远动通道恢复正常。

（7）该地调针对自动切换开关（ATS）无法正常切换、蓄电池损坏等情况开展专项除缺整改，提高 UPS 供电可靠性。

总结与建议：

（1）UPS 为自动化设备提供优质、可靠电源保障。在日常运行中，因 UPS 故障导致自动化设备供电异常的事件较为常见，建议设备管理单位加强 UPS 设备巡检，提前发现、处置隐患，保障为自动化设备可靠供电。

（2）在开展 UPS 相关检修工作时，应充分评估工作影响范围，做好事故预想，落实安全措施，尽可能降低对设备运行影响。

5.2　空调

144. 机房精密空调失电停运故障处置

关键词：精密空调、电源

问题与现象：

某自动化机房配置有 6 台精密空调机组，单台精密空调机组运行最大电流 84A，采用两路市电电源供电，主备电源可通过双电源切换开关自动切换。

某日空调主路电源短时中断（约 5s），备路电源正常，6 台精密空调机组全部失电停运。

分析与处理：

（1）机房值班人员发现机房精密空调失电停运后，根据规定启动机房精密空调异常缺陷处置应急预案。机房精密空调异常缺陷处置流程图如图 5-3 所示。

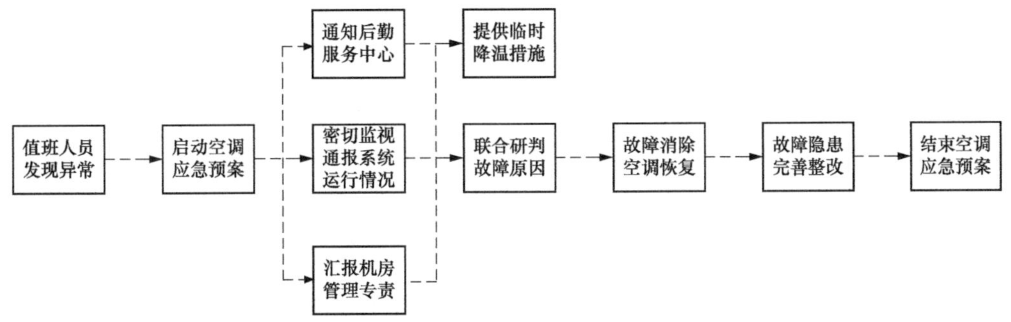

图 5-3　机房精密空调异常缺陷处置流程图

(2) 综合分析本次机房精密空调失电停运故障原因。机房双电源切换开关已从主路切换至备路，但总出线开关跳闸，导致空调失电。精密空调配电柜接线示意图如图5-4所示。

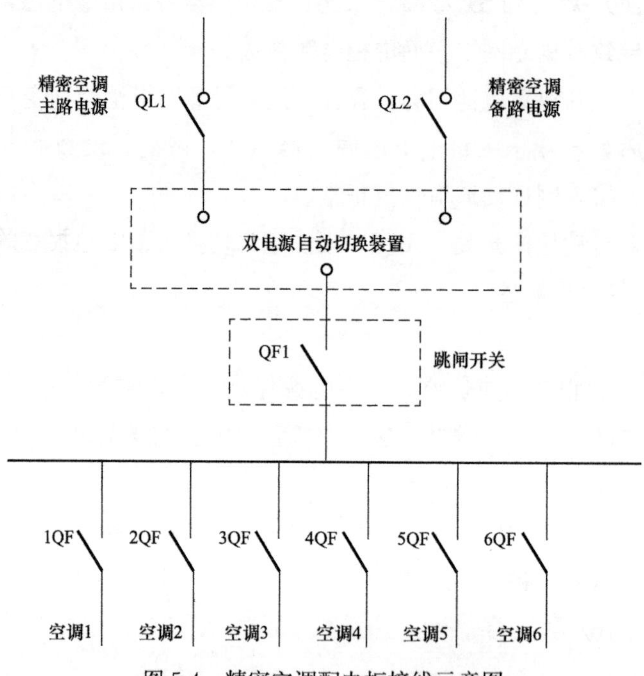

图5-4 精密空调配电柜接线示意图

1）大楼配电变压器一路电源引自某220kV变电站10kVⅡ母25板。该站正常方式下101断路器带10kVⅠ母运行；1022断路器带10kVⅡ母、10kV Ⅲ母运行；Ⅱ、Ⅲ0断路器运行；1023断路器备用；Ⅰ、Ⅱ0断路器备用。某220kV变电站主变压器低压侧接线示意图如图5-5所示。

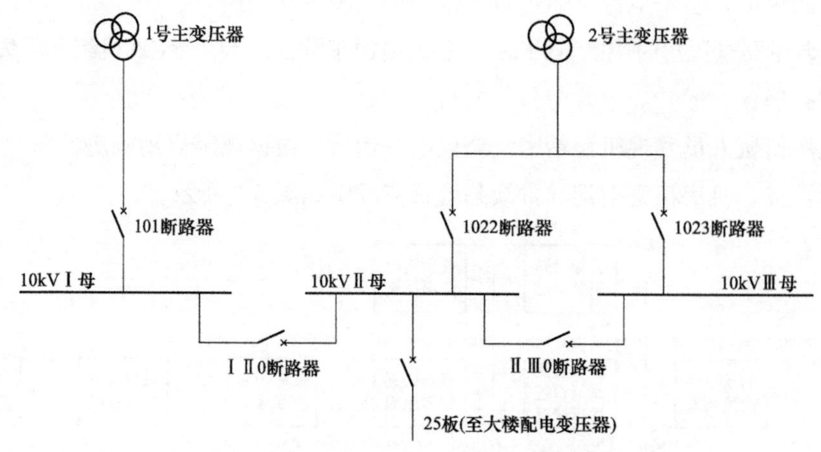

图5-5 某220kV变电站主变压器低压侧接线示意图

2）因该站10kVⅢ母TV故障，2号主变压器低压侧后备保护动作，1022断路器跳闸，Ⅰ、Ⅱ0断路器备自投（备用电源自动投入使用装置）成功，10kVⅡ母失压5s（Ⅰ、

Ⅱ 0 断路器备自投动作定值）。

3）受上述情况影响，大楼配电变压器 2、4、6（精密空调主电源）、8 号变压器短暂失电。

4）当精密空调主路电源失去时，通过双电源切换开关自动切换至备路电源。在电源切换瞬间，精密空调控制回路控制 6 台精密空调同时启动，瞬时启动电流值超过总出线开关瞬时脱扣电流值，致出线总开关跳闸（后期测试数据显示瞬时启动电流是额定电流的 4～6 倍）。

5）人工断开所有精密空调分路开关，再合上总出线开关，然后依次合上各分路开关，精密空调恢复运行。并采用给精密空调控制回路设置延时启动功能，当供电恢复后，6 台精密空调依次启动。并对精密空调配电柜进行改造，增设一路总出线开关，分散负载。

总结与建议：

（1）本次精密空调失电停运直接原因为上级 220kV 变电站供电异常，但也暴露了精密空调控制回路设置及精密空调配电柜接线存在的安全隐患。

（2）通过对故障的综合、深入分析处置，加深了相关人员对精密空调及其电源情况的了解，进一步加强了相关单位的配合协作，形成了联合开展精密空调等系统巡检、每年定期开展应急联合演练的机制。

（3）精密空调启动时瞬间电流较大，在设计建设时应注意分散负载，设置机组延时启动功能，避免引起电源故障。

145. 机房精密空调循环系统故障处置

关键词：精密空调、循环系统。

问题与现象：

某日，某省调自动化机房动环监视平台报“空调压缩机高压保护停机”告警。

分析与处理：

（1）接告警后，值班人员检查发现精密空调一台循环泵停运，系统压力短时间内从 212kPa 降至 110kPa，所有精密空调报警停机。

（2）进一步检查发现精密空调一台循环泵开关脱扣跳闸，循环泵失电停运。

（3）精密空调水流开关监测流量不足，导致压缩机高压保护停机。

（4）循环泵开关试送成功，监视发现循环泵运行情况及精密空调系统压力恢复正常，并开启直补水阀确保系统水压正常。

（5）对告警的精密空调进行手动复位，机组重新启动，机房温度逐步恢复正常。

（6）精密空调循环系统为单水路，循环水流量不足会导致机房空调板换热不充分，造成高压开关保护停机。

总结与建议：

（1）循环系统是精密空调进行内外部热量交换的重要途径，循环系统出现异常，会直接影响精密空调热交换效率，严重的还可能导致精密空调停运。

(2) 针对本次停运事件，后续设备管理单位更换了精密空调循环泵电源开关，增加设备巡视次数，并做好更换循环泵及变频器准备，保障设备平稳运行。

5.3 防雷接地

146. 雷电电磁干扰造成大面积厂站通道中断

关键词： 雷电、电磁干扰、通道中断

问题与现象：

某日 3 时 18 分，某地调 16 座变电站（电厂）104 地网通道退出运行。

分析与处理：

(1) 经检查发现负责上述厂站通信传输的通信设备板卡运行状态异常。

(2) 将故障通信设备板卡用备品备件更换后，中断的通道逐渐恢复运行。

(3) 进一步分析发现，当日凌晨该地区天气条件恶劣，雷电活动频繁。该地调通信机房中通信设备受到电磁干扰严重，终致某通信设备板卡损害，进而影响经该设备进行通信传输的相关厂站通道中断。

总结与建议：

(1) 雷电活动时，电磁干扰强烈，对通信设备运行有较强的影响，会造成通信串音、阻塞、中断等，严重的还会导致通信设备损坏。在雷电活动期间，运行值班人员应加强系统巡视，做好预警预控工作。

(2) 该地区通信专业后续进行了通信网改造，调度数据网逐步实现汇聚层和核心层双链路接入，夯实了系统运行基础。避免单链路接入时，一旦该链路出现异常，导致相关业务也受影响的风险。

5.4 辅助系统及机房环境

147. 强、弱线缆不分槽

关键词： 机房、强电、弱电、2M 线缆、光纤

问题与现象：

某日，A 站站端上传的业务数据不稳定，表现为业务丢包率较高；远程登录站端路由器设备会比较卡顿，在站端设备 ping 主站地址丢包率较高；自动化机房与通信机房之间的距离较远，中间通过 2M 线缆互联传输数据。

分析与处理：

站端上传的业务数据不稳定，初步分析可能为链路质量或链路拥塞导致。进一步分析，站端的业务数据流量没有达到链路带宽的阈值，因此应为链路质量导致。

分析路由器、交换机的日志，得出路由器的 2M 接口频繁出现 up/down 现象，交换机

日志显示正常。因此可以判断应为通信链路故障。

排查 2M 线缆、BNC 转接处、2M 接口，结果均正常。路由器放置在自动化机房测试 ping 丢包率较高，然后将路由器放置在数字配线架旁边，用较短的 2M 线缆互联，测试 ping 正常。

初步怀疑为自动化机房至通信机房 2M 线缆故障，更换 2M 线缆，测试 ping 依然丢包。进一步排查发现，2M 线缆和站内强电共用一个槽位，分析可能为强电影响弱电，导致业务传输质量不佳。强、弱电分槽示意图如图 5-6 所示。

图 5-6　强、弱电分槽示意图

更换自动化机房与通信机房之间的传输介质，将 2M 线缆更换为光纤，并用光电转换器进行连接两端设备，测试网络正常，测试业务传输正常，故厂站线缆强、不分槽位故障已解决。

总结与建议：

光缆在传输信号时不会受到强电电磁波辐射的干扰，2M 线缆则相反。75Ω 的 2M 线的有效传输距离为 204m，接近或达到传输距离上限，并且线缆敷设在室外电缆沟中，经过高压设备区，有较强的电磁干扰，会导致通道时通时断。

新建站现场未对强、弱电线缆槽位进行区分，未按要求规范将强、弱电分离。随着设备运行年限增长，设备老化、线缆老化，强电对弱电辐射相对增大，会导致链路质量变差，网络不稳定，业务丢包。

建议在新建站建设时，明确划分强、弱电槽位，按照要求进行强、弱分离。若现场确实不能强、弱分离，则用光缆代替 2M 线缆，避免电磁波干扰。

148. 机房环境温度影响

关键词：机房、环境温度、路由器、交换机

问题与现象：

某日，C站站端上传的业务数据时通时断；路由器、交换机存在自启现象；路由器、交换机设备运行的噪声比较大；路由器、交换机显示红色的告警指示灯。

分析与处理：

经分析，厂站业务数据上传时通时断，可能为通信问题、设备问题。

首先对厂站通信链路进行打环测试，观察站端至上联汇聚的链路正常，无错误包，且收、发包一致。初步分析，应为站端打环节点处以下链路或设备存在问题。

然后，登录设备查看设备日志，发现设备存在自启现象，无其他异常日志。查看设备硬件状态信息，发现设备风扇转速较高、板卡及子卡温度超过设定的阈值。判断应为设备板卡温度较高，当板卡运行一段时间之后，设备的自我保护机制，会强制性重新启动。因此出现设备自启现象，如图5-7所示。

```
[shelf 0, slot 5]
PCB    I2C Addr   Status   Minor Major Fatal Temper
----------------------------------------------------
USRU    1    4  Abnormal    85    95   100   115
USRU    1    6    Normal    95   105   110    56
USRU    1   17    Normal    55    58    60    38
USRU    1   62    Normal    70    75    80    65
USRU    1   66    Normal    85    95   105    43
USRU    1   65    Normal    85    90    95    40

[shelf 0, slot 6]
PCB    I2C Addr   Status   Minor Major Fatal Temper
----------------------------------------------------
USRU    1    4  Abnormal    85    95   100   117
USRU    1    6    Normal    95   105   110    57
USRU    1   62    Normal    70    75    80    65
USRU    1   66    Normal    85    95   105    53
USRU    1   65    Normal    85    90    95    44
USRU    1   86    Normal    70    80    90    38
```

图5-7 主控板温度过高

最后，告知地调负责人或者用户负责人，此设备目前的运行状态及问题，让其进行设备除尘，以及确认环境温度是否适宜。

总结与建议：

网络设备属于敏感性电子元器件，对环境相对比较敏感，比如温度、湿度。

当网络设备的运行环境的温度升高，且设备所处位置散热不好时，会引起设备温度升高即板卡温度升高，此时触发设备的自我保护机制，设备强制性重启，以致引发站端业务时通时断。

在新建站建设之初，将网络设备的散热考虑进去，增加其通风良好性。然后保证机房的环境温度，周期性巡检网络设备、进行除尘。对于已投入的厂站，保证机房环境温度，定期巡视。

第 6 章　自动化专业管理

6.1　新建系统过程

149. 新接入厂站通道调试过程中产生安防告警

关键词：新厂站接入、通道调试、安防告警

问题与现象：

前期，省调新系统在进行厂站通道接入调试时经常会在安防平台产生告警。

分析与处理：

自动化运维人员在进行通道配置时，会将分配的厂站远动机地址提前填入通道表，并完成主站端工程化工作，等待与子站联调。但在完成通道表配置后，前置应用会自动读取通道表信息，并尝试进行网络连接，从而在安防平台未做完策略的情况下产生安防告警。测试后确定，当通道表中的“通道类型”选为“虚拟”时，前置应用不会尝试进行网络连接，从而避免安防平台告警的产生。

总结与建议：

电网不断发展，针对网络安防的要求也不断提升。在此前提下，应该细化日常工作流程，按合适的方式完成自动化平台与安防平台的业务协作。

6.2　检修改造过程

150. 操作不规范造成数据跳变

关键词：数据异常、低频减载、遥测系数

问题与现象：

某日，某 110kV 站全站遥测数据异常，导致低频减载第Ⅱ轮总加数据异常，影响省调自动化上送数据。

分析与处理：

在该站综合自动化改造期间，老远动机与新远动机同时运行（部分已经改造完毕的间隔接入新远动机，遥测数据改为浮点上送，其他未改造间隔还由老远动机上送数据，数据类型为整型）。该站西母线路改造期间，厂家修改了新远动点表后重启新远动机，新远动机与地调主站数据不通，且中断时间过长，老远动机持续向地调主站上送数据，因老远动机遥测数据未设置浮点上送，导致地调低频减载数据突变，影响省调低频减载总加数据。

新远动机恢复正常运行后，该站遥测数据恢复正常。

总结与建议：

（1）对 D5000 系统低频减载总加数据进行监控，并根据系统评估计算对总加数据设置合理限值和告警，避免影响上传省调数据。

（2）远动系统增加测点或改造更换时，应注意数据类型的选择，需要变更类型时，应分析可能的影响，与主站同时采取必要措施，避免发生因类型错误造成的数据跳变。

（3）在现场重启远动装置前，对可能影响上传省调的数据，地调侧进行遥测封锁，在远动装置重启恢复正常运行后，地调侧再解除封锁。

（4）站内开工前工作负责人对厂家调试人员进行安全培训，并进行危险点分析，审核厂家工作方案，对可能存在的风险提前做好防范措施。

（5）现场厂家调试人员在调试过程中，工作负责人要全程监护，遇到可能会影响远动通道和地调数据异常的情况，应及时联系地调自动化人员，待协商确认后再进行下一步工作。

6.3 调试试验过程

151. 厂站端网络拓扑不规范导致告警直传信息不刷新

关键词：厂站端、后台监控、网络拓扑、告警直传不刷新

问题与现象：

某日，某 220kV 变电站告警直传信息不刷新，检修人员检查图形网关机未发现异常。

分析与处理：

现场处理发现，站端监控后台机程序走死，重启后台主机后告警直传信息恢复正常。经检查发现，综合自动化系统的图形网关机未直接接入站端的工控交换机，而是通过站端的监控后台机进行信息转发，所以当进行转发信息的监控后台主机出现故障时就会造成告警直传信息传输中断。

总结与建议：

（1）建议厂家完善站端网络拓扑结构，将图形网关机直接连接到工控交换机上。

（2）基建过程加强验收，调试时先中断监控后台看告警直传是否正常，以判断是否存在类似网络拓扑问题。

第7章 综合缺陷分析

7.1 调度端

152. 多系统连锁故障

关键词：跨区数据库同步、数据库锁死

问题与现象：

某日15点50分左右，调度员反映实时调度计划操作异常，同时OMS不能访问和报送数据，Ⅱ、Ⅲ区看似两个完全独立的系统，却同时发生故障，Ⅱ、Ⅲ区调度生产业务处于瘫痪状态。

分析与处理：

Ⅱ区经现场运维人员检查分析发现：

（1）Ⅱ区实时调度计划卡慢，是由于Ⅱ区数据库服务占用CPU过高造成的。手动将数据库切机后，16点30分Ⅱ区数据库恢复正常，随即调度计划系统恢复正常。

（2）后检查分析数据库日志发现，15点44分数据库中出现大量锁表，经核查这些表为Ⅱ、Ⅲ区同步表，数据库在进行HS同步时建立SESSION连接。该时间点Ⅲ区数据库交换机掉电，数据库宕机，导致Ⅱ、Ⅲ区同步SESSION未能释放，造成Ⅱ区大量锁表，Ⅱ区数据库CPU过高导致卡慢。

（3）数据库监控日志显示15点44分Ⅱ区数据库CPU使用率为6337（正常应小于3500，如图7-1所示），接近100%。16点30分对Ⅱ区数据库进行切机处理，释放SESSION，调度计划系统恢复正常。

Ⅲ区经现场运维人员检查分析发现：

（1）专网交换机设备重启，数据库切机到备机his2失败。

（2）16点50分备机手动启动ha服务，磁盘挂载成功，数据库服务启动失败。17点50分在主机上启动ha服务，磁盘挂载，服务拉起，数据库在主机his1上单机正常运行。

（3）麒麟分析日志数据库服务在备机没有正常启动，是由于主备机配置不同造成的，排查发现备机his2的配置文件属主和属组是root用户。

（4）达梦分析日志发现备机数据库启动读取日志文件失败，备机his2数据库版本比主机his1版本高。另外备机his2在12月4日做过安全加固。Ⅲ区数据库ha配置进行调整，去掉pingD配置确保交换机故障不会导致ha切机。

总结与建议：

（1）各个安全区数据库应考虑独立运行设计，不能因为单一数据库故障导致数据同步

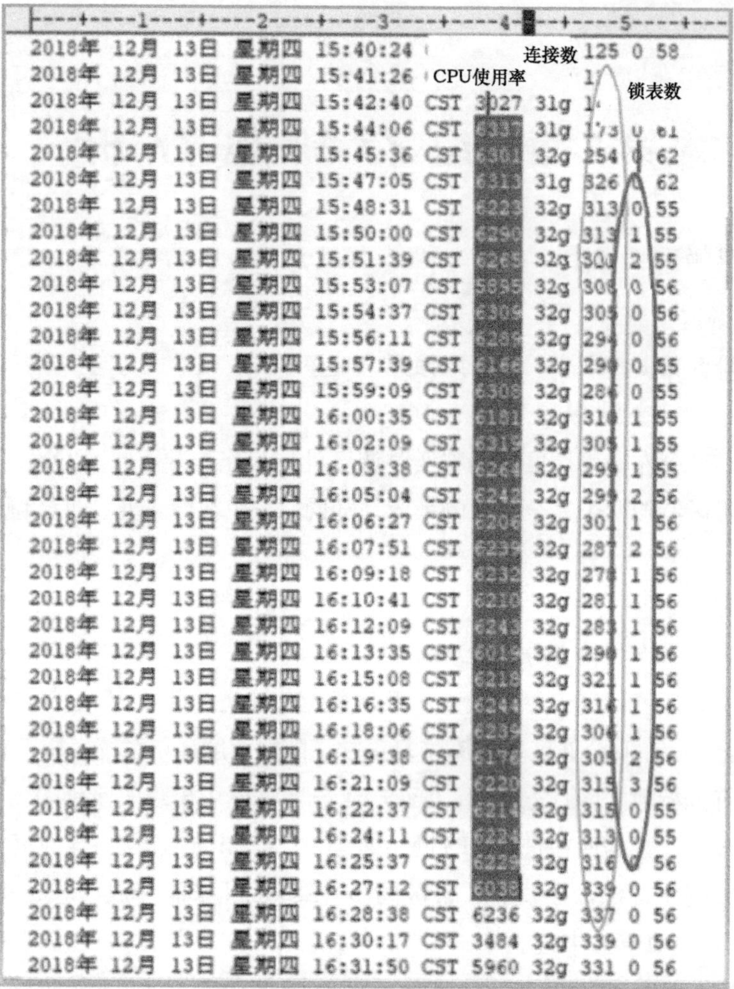

图 7-1 数据库 CPU 异常

问题而引发连锁故障；

（2）主备机数据库应该保证版本的一致性，并做故障切机性能试验检查；

（3）针对主备机数据库服务器，ha 应配置相同的文件的属组和属主权限；

（4）针对数据库网络故障，应去掉 pingD 配置，测试主备机不因交换机故障，而进行数据库切机，网络服务恢复之后数据库能正常对外提供服务。

153. 因交换机异常造成Ⅰ/Ⅲ区 D5000 同步故障

关键词： Ⅰ、Ⅲ区数据库同步，交换机

问题与现象：

某日晚 22 点 55 分，因 OMS 发现Ⅰ/Ⅲ区 D5000 同步异常，工作人员到达公司自动化机房排查故障。

分析与处理：

检查Ⅲ/Ⅳ防火墙、Ⅲ区交换机、Ⅲ区 D5000 交换机、Web 服务器设备及各网口指示

灯正常，运行正常，排除网线松动问题。登录 Web1、Web2 服务器，登录图形界面，观察发现数据不刷新，历史数据无法调阅。登录实时数据库，显示失败。使用 crm _ mon 命令，发现状态显示备用 Web 主机 offline。

因麒麟 HA 双机软件是一个管控磁盘阵列和数据库服务以及浮动对外提供 IP 的工具，当达梦配合搭建麒麟 HA 系统后，就不能手动启停达梦数据库服务，而要通过 service heartbeat stop、service heartbeat start 命令启动 heartbeat 服务。该服务启动后，将自动拉起达梦数据库相应进程，实现 Web 服务器挂载存储与连接数据库。

故障处理时，手动停掉 Web1 和 Web2 的 heartbeat 服务，并确认这两台服务器的达梦库相关进程均已停止。使用 service heartbeat start 命令启动 Web2 服务器的 ha 服务，如图 7-2 所示，然后使用 crm _ mon 命令监测挂载存储情况，如图 7-3 所示。

```
Refresh in 3s...

============
Last updated: Thu Mar  1 10:26:01 2018
Current DC: zz-web2 (a6193fbe-0269-46ca-8950-23e246dc7c67)
1 Nodes configured.
2 Resources configured.
============

Node: zz-web2 (a6193fbe-0269-46ca-8950-23e246dc7c67): online

Clone Set: my_clone_pingd
    my_pingd:0  (ocf::heartbeat:pingd): Started zz-web2
Resource Group: group_1
    IPaddr_192_157_10_1 (ocf::heartbeat:IPaddr):        Started zz-web2
    Filesystem_2        (ocf::heartbeat:Filesystem):    Started zz-web2
    Filesystem_3        (ocf::heartbeat:Filesystem):    Started zz-web2
    dmserverd_4 (lsb:dmserverd):        Started zz-web2
    dmagentd_5  (lsb:dmagentd): Started zz-web2
```

图 7-2　启动 Web2 服务器的 ha 服务命令窗口

```
Refresh in 2s...

============
Last updated: Thu Mar  1 10:26:19 2018
Current DC: zz-web2 (a6193fbe-0269-46ca-8950-23e246dc7c67)
1 Nodes configured.
2 Resources configured.
============

Node: zz-web2 (a6193fbe-0269-46ca-8950-23e246dc7c67): online

Clone Set: my_clone_pingd
    my_pingd:0  (ocf::heartbeat:pingd): Started zz-web2
Resource Group: group_1
    IPaddr_192_157_10_1 (ocf::heartbeat:IPaddr):        Started zz-web2
    Filesystem_2        (ocf::heartbeat:Filesystem):    Started zz-web2
    Filesystem_3        (ocf::heartbeat:Filesystem):    Started zz-web2
    dmserverd_4 (lsb:dmserverd):        Started zz-web2
    dmagentd_5  (lsb:dmagentd): Stopped
```

图 7-3　使用 crm _ mon 命令监测挂载存储情况

短时间内，文件系统以及达梦都处于 started 状态，挂载存储正常，但 2s 后，dmagentd 变 stop 状态。因 dmagented 服务启不来，所以导致其他四个也停了，因为这几个服务在一个组里最终停在如图 7-4 所示状态。

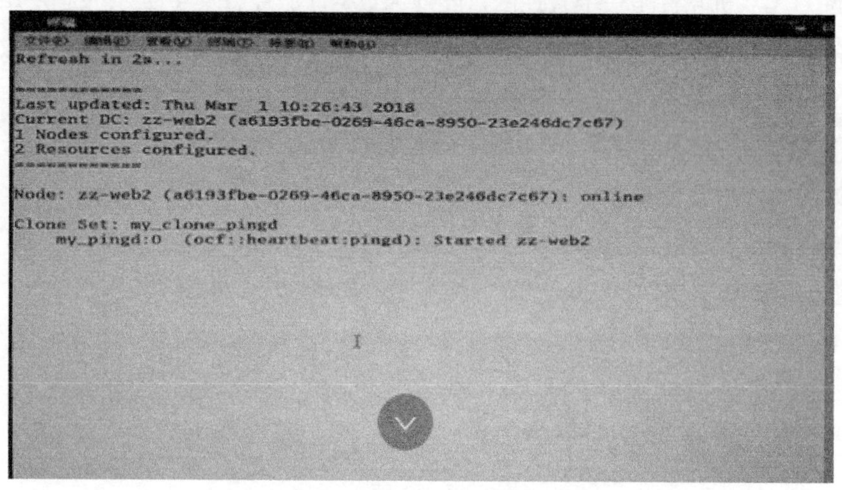

图 7-4　dmagentd 变 stop 状态图

怀疑 Web2 服务器挂载问题，手动停止 ha 服务并重启 Web2 服务器，/dbbak 等库仍未挂载。初步判断是麒麟厂家 ha 程序挂载问题。联系麒麟厂家与达梦厂家，将/var/log/messages 日志发给麒麟厂家，将/dmdb/dm/log/dm _ 201803. log 日志发给达梦厂家。

麒麟厂家分析 messages 日志发现问题，如图 7-5 所示。

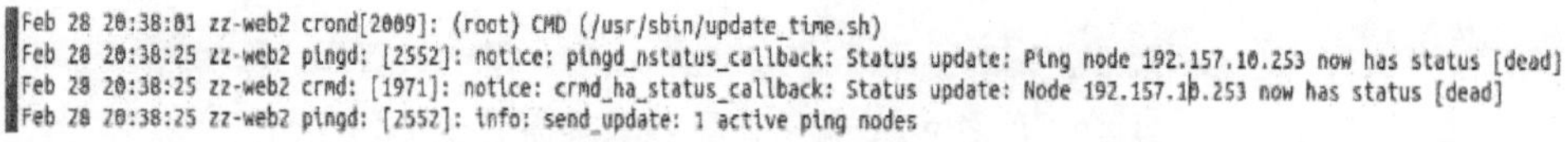

```
Feb 28 20:38:01 zz-web2 crond[2009]: (root) CMD (/usr/sbin/update_time.sh)
Feb 28 20:38:25 zz-web2 pingd: [2552]: notice: pingd_nstatus_callback: Status update: Ping node 192.157.10.253 now has status [dead]
Feb 28 20:38:25 zz-web2 crmd: [1971]: notice: crmd_ha_status_callback: Status update: Node 192.157.10.253 now has status [dead]
Feb 28 20:38:25 zz-web2 pingd: [2552]: info: send_update: 1 active ping nodes
```

图 7-5　messages 日志

发现 ping 192. 157. 10. 253 失败！Web2 服务器 ping 192. 157. 10. 253 和 192. 157. 10. 254 均不通，heartbeat 中 pingD 进程需要 ping 网关，所以锁定为网络问题。考虑到交换机长时间运行容易出现故障，所以决定重启交换机。操作时，先重启交换机Ⅱ，等交换机Ⅱ完全启动后，再重启交换机Ⅰ。

重启交换机后，ping 192. 157. 10. 253 和 192. 157. 10. 254 均通，Web2 heartbeat 服务自动挂载存储成功。观察一段时间后，启动 Web1 heartbeat 服务，Ⅰ/Ⅲ区数据同步正常。

总结与建议：

此次异常情况暴露出日常自动化运维工作中存在的不足，主要表现为对 D5000 Ⅲ区架构、业务、走线了解不够透彻，机房设备连接线标识标签显示不清、设备异常故障处理预案准备不完善等。

下一步工作将从以下几个方面进行改进，以提升异常处理水平：一是加大设备巡检力度，定期对设备进行巡检，对存在告警提示的服务器、交换机及时处理更换，排除安全隐患；二是对机房的标识标签进一步梳理，做到规范化、可读化，设备出现异常有助于排查判断故障点；三是加强对 D5000 系统相关自动化知识学习，了解 D5000 系统Ⅰ、Ⅲ区系统架构、各软件进程运行状态作用，丰富异常状态下的故障分析处理能力。

7.2 厂站端

154. 主控板晶振故障导致测控装置遥测数据跳变

关键词：晶振、遥测数据跳变

问题与现象：

220kV Z 站自重建投运后，多次出现测控装置“遥测数据不可信”告警、主站系统遥测数据跳变的现象。

分析与处理：

经现场检查，智能变电站测控基于 IEC 61850-9-2 SV 采样机制，在组网采样方式下，合并单元与测控装置之间的数据传输严格依赖于时钟源。当时钟装置出现异常时，可能出现时钟同步信号的秒脉冲不等间隔现象，从而导致合并单元 SV 采样计数器出现跳变，测控装置会依据采样计数器判断采样数据的正确性，以及进行采样数据的同步插值，当采样计数器发生跳变时，会导致同步插值计算过程出现错误，进而造成遥测计算结果异常。

检查发现现场成都可为时钟主控板晶振故障导致对时异常，引起测控装置遥测数据跳变，更换主控板后恢复正常。

总结与建议：

(1) 近年来，随着智能变电站的大量投运，新技术的应用也带来了许多新的问题，应保持对新技术、新设备的学习和研究，安全、正确、及时地解决新设备运行过程中出现的新问题。

(2) 在组网采样模式下，时钟信号的正确性与同步性对于采样精确度的影响很大，应加强对时钟装置的管理，及时解决时钟异常问题，消除组网采样模式下对时装置异常可能带来的隐患。